琋石琚

張生題

赏石篇

崔志强 主编

黄河出版传媒集团
宁夏人民出版社

图书在版编目（CIP）数据

琥石琚赏石篇 / 崔志强主编. —银川 : 宁夏人民出版社，2017. 5
ISBN 978-7-227-06652-1

Ⅰ. ①琥… Ⅱ. ①崔… Ⅲ. ①观赏型—石—鉴赏②宝石—鉴赏
③玉石—鉴赏 Ⅳ. ①TS933.21

中国版本图书馆CIP数据核字(2017)第094045号

琥石琚赏石篇　　崔志强　主编

责任编辑　丁丽萍
封面设计　长　务
责任印制　肖　艳

黄河出版传媒集团
宁夏人民出版社　出版发行

出 版 人　王杨宝
地　　址　宁夏银川市兴庆区北京东路139号出版大厦（750001）
网　　址　http://www.nxpph.com　　http://www.yrpubm.com
网上书店　https://shop126547358.taobao.com　　http://www.hh-book.com
电子邮箱　nxrmcbs@126.com　　renminshe@yrpubm.com
邮购电话　0951-5019391　5052104
经　　销　全国新华书店
印刷装订　宁夏凤鸣彩印广告有限公司
印刷委托书号（宁）0005041

开本　889mm×1194mm　1/16
印张　10　　字数　150千字
版次　2017年 5 月第 1 版
印次　2017年 5 月第 1 次印刷
书号　ISBN 978-7-227-06652-1
定价　98.00元

目录 Content

目录 Content

万佛墙

且不说这葡萄石圆润的色泽多么可人，单是它独特的造型，就足以让人爱不释手。天然的纹路为我们勾勒出了万佛墙的模样。墙中各佛有的诵经，有的打坐，形态各异。明心静性，乃人之本求。

石种：葡萄石
尺寸：50×13×32cm

仙山听泉

仙山尝闻终得见，令时移情把意欢。
巉岩生松未照日，邃洞出瀑却知还。
云晕叶飘有余响，声吹水溅无现源。
有的时日究奇怪，何不石床听妙泉？

石种：孔雀石
尺寸：38×35×50cm

望月而思

白白的肚皮，红褐色的发髻与躯背，抬头，望月而思。是思念远方的爱人吧？你们约好的，若迷路，定要寻月而归。是呵，月亮常亮，思念便成了永恒。

石种：大滩玛瑙

尺寸：9×13×10cm

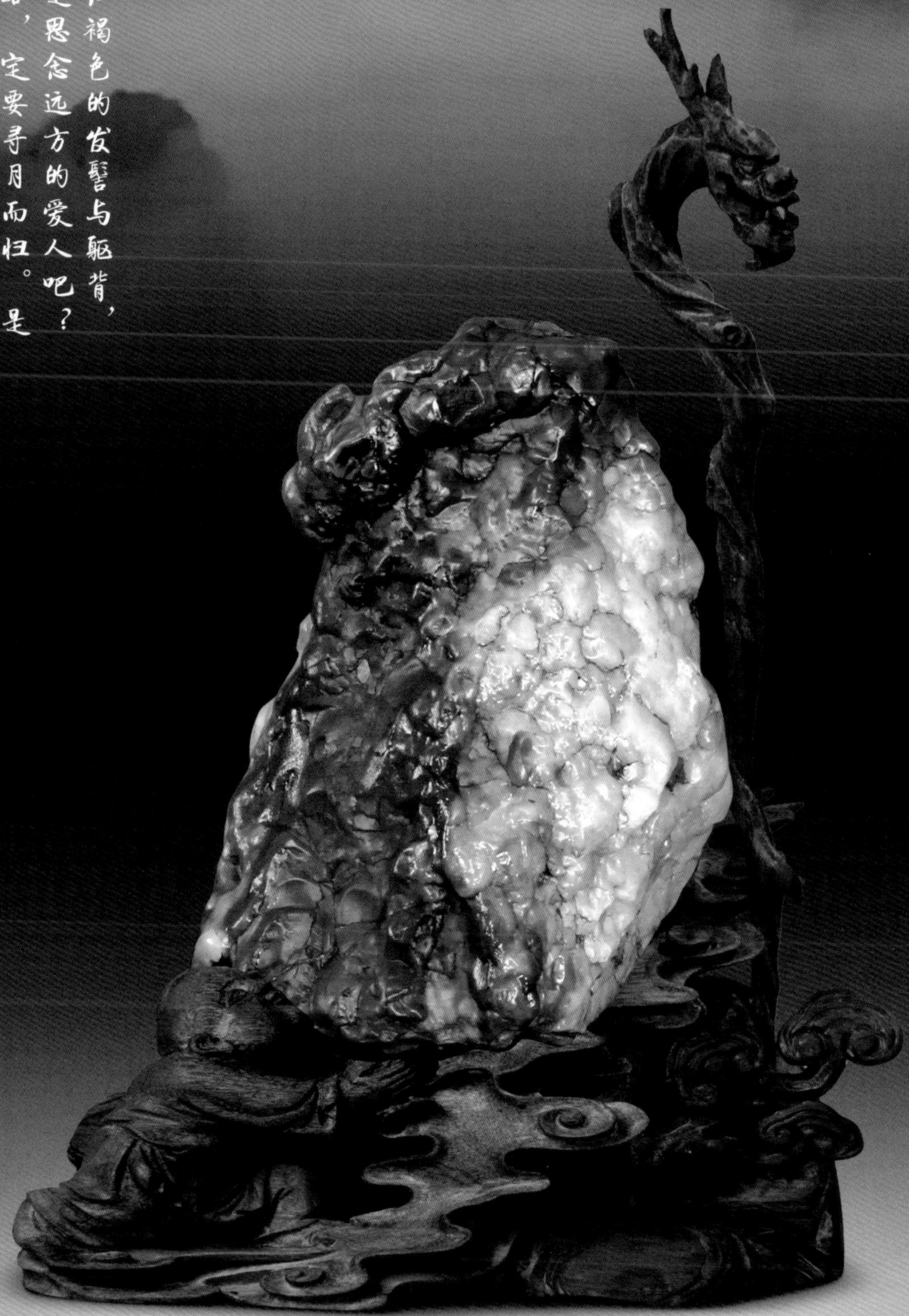

瑞兽

只觉似曾相识，却又一时说不清。黄紫主色的躯体，自然地闪现着灵气。头似恐龙，上肢若鳍，尾似鸭，躯似鸟，下肢独立，观之意味无穷。如此之相，唯瑞兽才有。

石种：泡泡玉　尺寸：30×18×38cm

金蟾

石种：沙漠漆
尺寸：12×10×8cm

叩首

石种：玻璃玛瑙
尺寸：15×13×11cm

神龟寿

温暖的阳光把你的身体映作了金黄。你迎着风，沐浴着浪花，游向远方。虽然你已过期颐之年，但你的力气仍然划出了优美的痕迹。你是寿无境的神龟啊，辟出康庄的福路。

石种：沙漠漆
尺寸：26×20×20cm

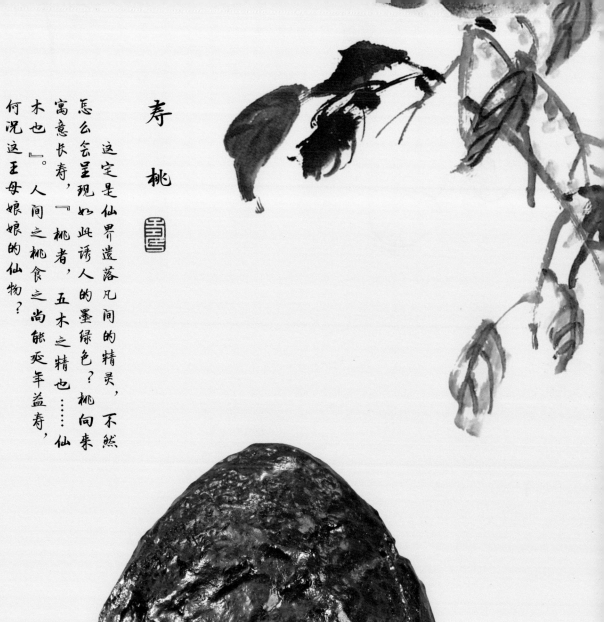

寿桃

这定是仙界遗落凡间的精灵，不然怎么会呈现如此诱人的墨绿色？桃向来寓意长寿，『桃者，五木之精也……仙木也』。人间之桃食之尚能延年益寿，何况这王母娘娘的仙物？

石种：绿碧玉
尺寸：19×16×24cm

繁华始终

金黄是你开放的色彩，那点点的微白，是你风险后的身姿。热烈而孤独，富贵而不娇。通黄到底，繁华始终。

石种：沙漠漆
尺寸：18×14×19cm

鹦鹉离笼

陇西独自一孤身，
飞去飞来上锦茵。
都缘出语无方便，
不得笼中再唤人。

石种：大滩玛瑙
尺寸：21×20×11cm

卧狮

沉睡的你一旦苏醒，必定有摄人心魄的气场。光亮的毛发，红里泛黄的碎花斗篷，瞪圆的双眼，微颌的嘴角，半卧于此，威严而不失温柔，睨视一切。

石种：大滩玛瑙　尺寸：10×6×12cm

变形金刚

你刚经历了一场世纪大战。已破了大半的盔甲也不能让你倒下；流着鲜血的胸口和肩膀，让你显得更加威武；你怒视着前方的敌人，张开双臂，准备再次迎战。是的，你不是为失败而生的，你可以被毁灭，但不能被打败！

石种：蓝泡玛瑙

尺寸：35×20×15cm

麒麟献瑞

张弛有度的造型，无疑是此葡萄玛瑙的一大特色。看，一只刚从仙界到凡间的小麒麟来到了我们面前。饱满的颗粒使得它毛孔毕现，它正四肢大跨步，翘着尾巴，欢呼雀跃地向远处奔去，给人们带来祥瑞。

石种：葡萄玛瑙
尺寸：68×55×25cm

玉乌

石种：大滩玛瑙

尺寸：12×6×11cm

镇宅之宝

黄色从来都是富贵与威严的象征。岁月在你的身上烙下了痕迹，却使你更加成熟。就这样，你立于山巅人家之上，保一方富贵，佑一方平安。

石种：沙漠漆
尺寸：35×15×25cm

鱼翔浅底

是有多久没有出来畅快玩耍了。你微噘着嘴，摇摆尾、鳍，畅快地游动。你真是一个自由的精灵！

石种：蓝泡玛瑙
尺寸：53×22×16cm

幼狮

石种：葡萄玛瑙
尺寸：21×13×18cm

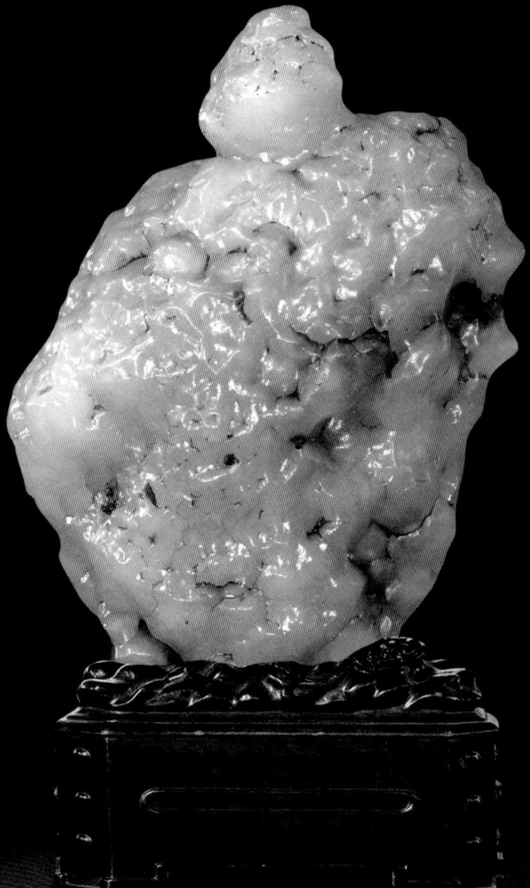

平平安安

石种：大滩玛瑙
尺寸：14×10×7cm

文质彬彬

此葡萄玛瑙像极了一位正在鞠躬致谢的人，质朴而不浮夸，彬彬而有礼。所谓『质胜文则野，文胜质则史。文质彬彬，然后君子』，此之谓也。

石种：葡萄玛瑙
尺寸：50×15×45cm

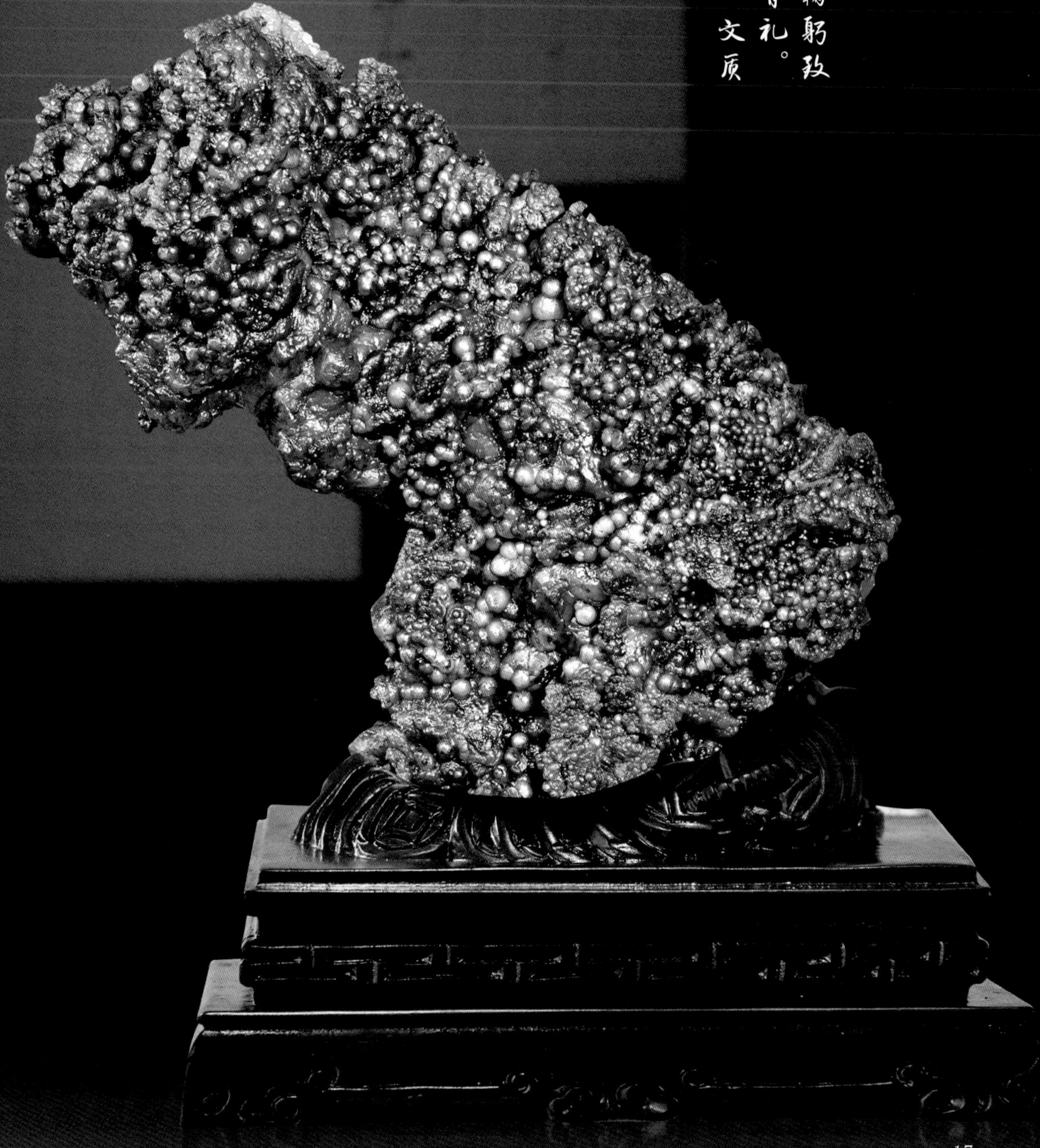

硕果累累

丰收的时节还有些日子才到，你就迫不及待地来向人们报喜。大的、小的，圆的、扁的，颜色深的、浅的……你把所有的果实紧紧合抱，生怕漏下一丝成熟的气息。好一派丰收的景象！

石种：葡萄玛瑙　尺寸：19×23×14cm

英明神武

黄色，白色，灰色，褐色……不同的色彩拼接出你华亮的衣裳。你登上枝巅，巡视四方。你洞察一切，英明神武，保卫着身后的子民。

石种：大滩玛瑙
尺寸：38×14×28cm

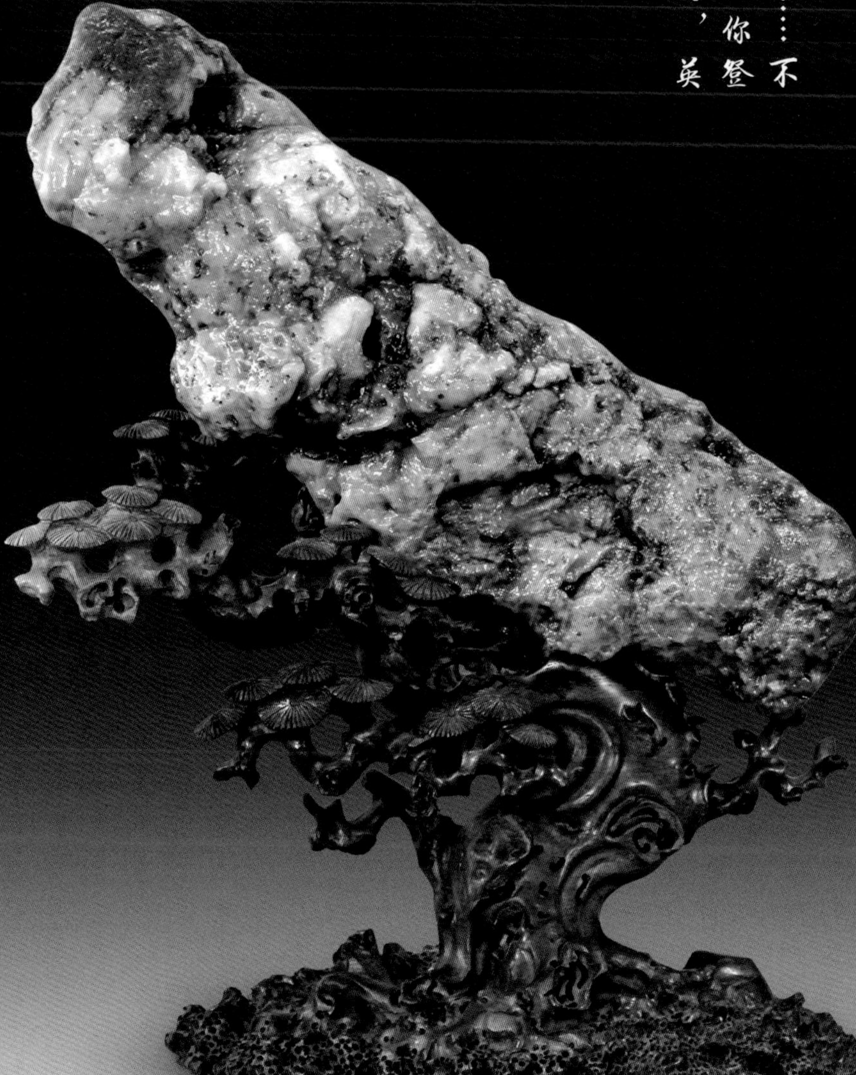

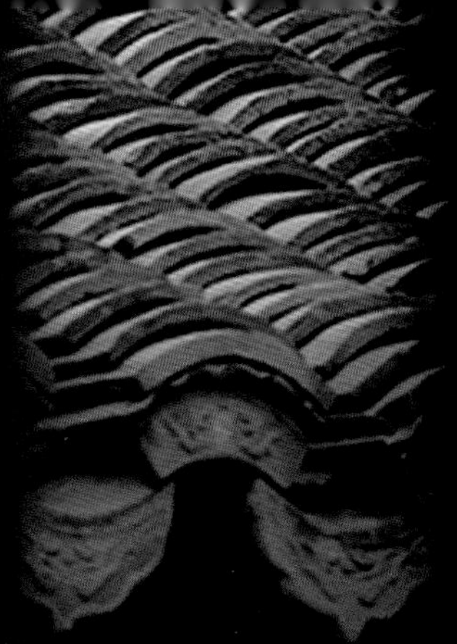

福猪

通体肉色中镶嵌着火的炭色，缱绻的耳朵，闭合的眼睛，长而肥硕的嘴巴，一个福寿猪首映入眼帘。古语有云：『六畜猪为首。』猪头乃首中之首，代表着郑重其事和福气。家有如此猪首，自当福气满身。

石种：沙漠漆　尺寸：13×8×13cm

顾盼

石种：大滩玛瑙
尺寸：6×7×5cm

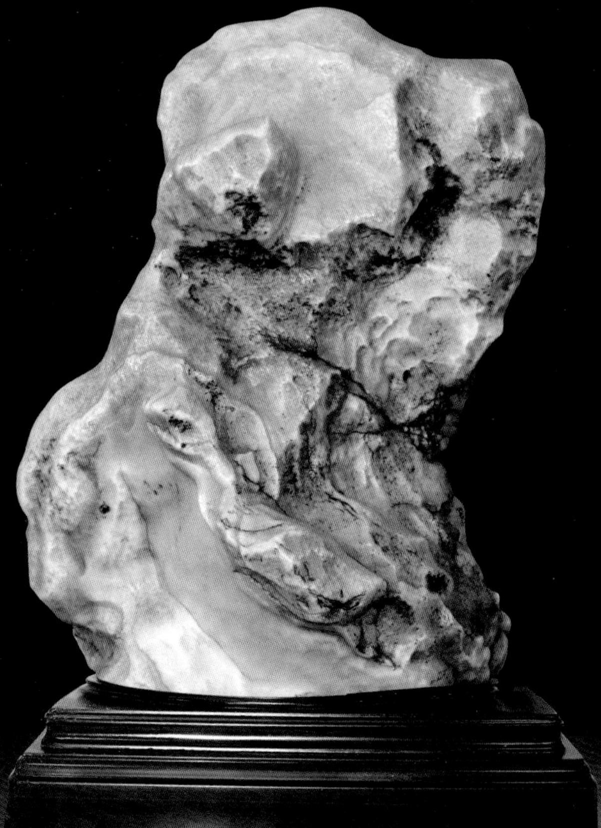

灵犬

你端坐于不远处，嘴鼻微翘，耳朵耷着，呆萌地望着前方；你的毛发总是那么柔顺，眼睛里总是充满可爱与无邪。就是这可爱与无邪，让你充满了灵气，成为独特的存在。

石种：沙漠漆　尺寸：14×17×21cm

灵鸟

石种：大滩玛瑙
尺寸：10×4×4cm

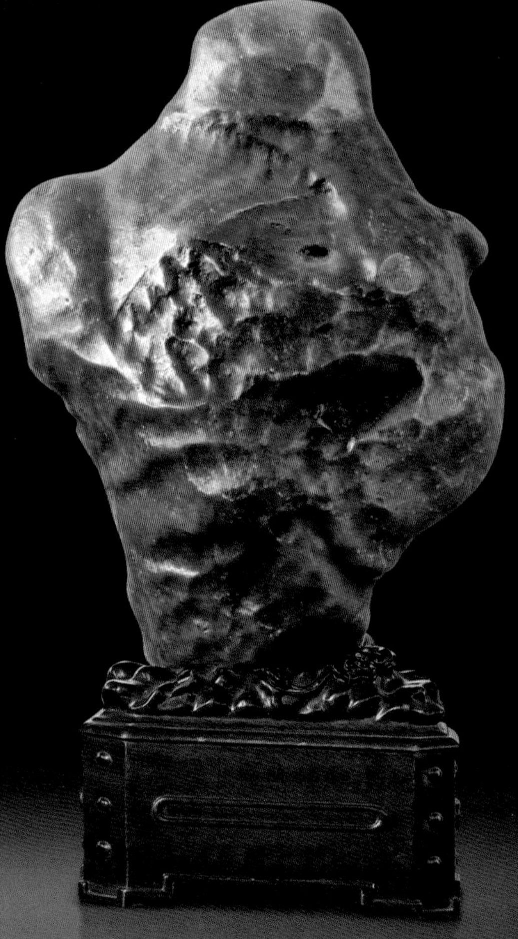

人物

石种：戈壁石
尺寸：12×9×4cm

寿星

此石最大的魅力莫过于它不像寿星，却有着让人无法躲避的『寿』气。长寿松木配座与之相得益彰。不见了拐杖，不见了坐骑，也不见了眉目白须，只剩下流光溢彩的衣裳，和充满天地的吉祥。

石种：大滩玛瑙　尺寸：16×11×18cm

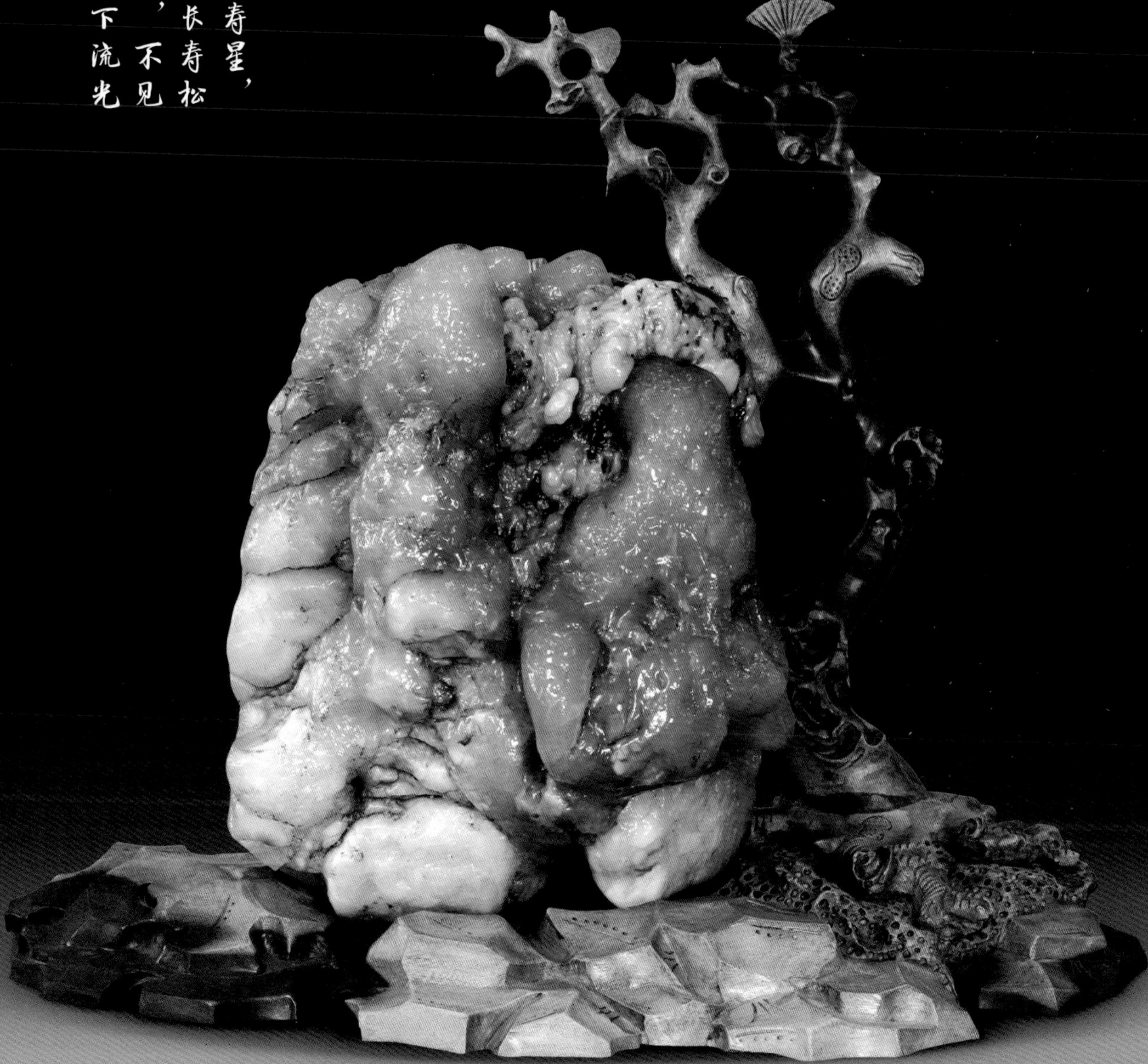

福鸡

你一改往日的红装，换上了灰黑的衣裳。那衣裳上的纹络大有财富之气。不知是哪个霉运惹怒了你，你张大了嘴巴，竖起了羽毛，扭头似要攻击。你的鸡冠还未完全竖起，我知道你只是想吓唬一下对手而已。这足以赶走那该死的霉运，带来美好的福运。

石种：缠丝玛瑙
尺寸：20×15×8cm

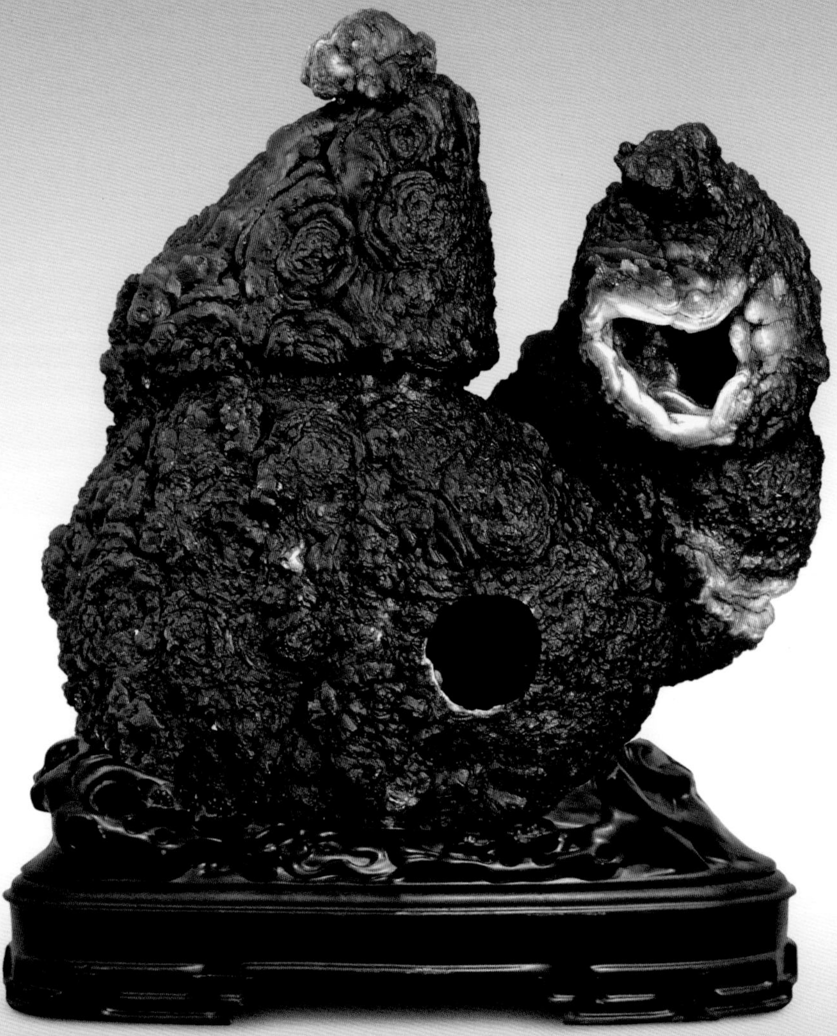

义公坐禅

义公习禅寂，
结宇依空林。
户外一峰秀，
阶前众壑深。
夕阳连雨足，
空翠落庭阴。
看取莲花净，
应知不染心。

石种：玛瑙
尺寸：11×7×10cm

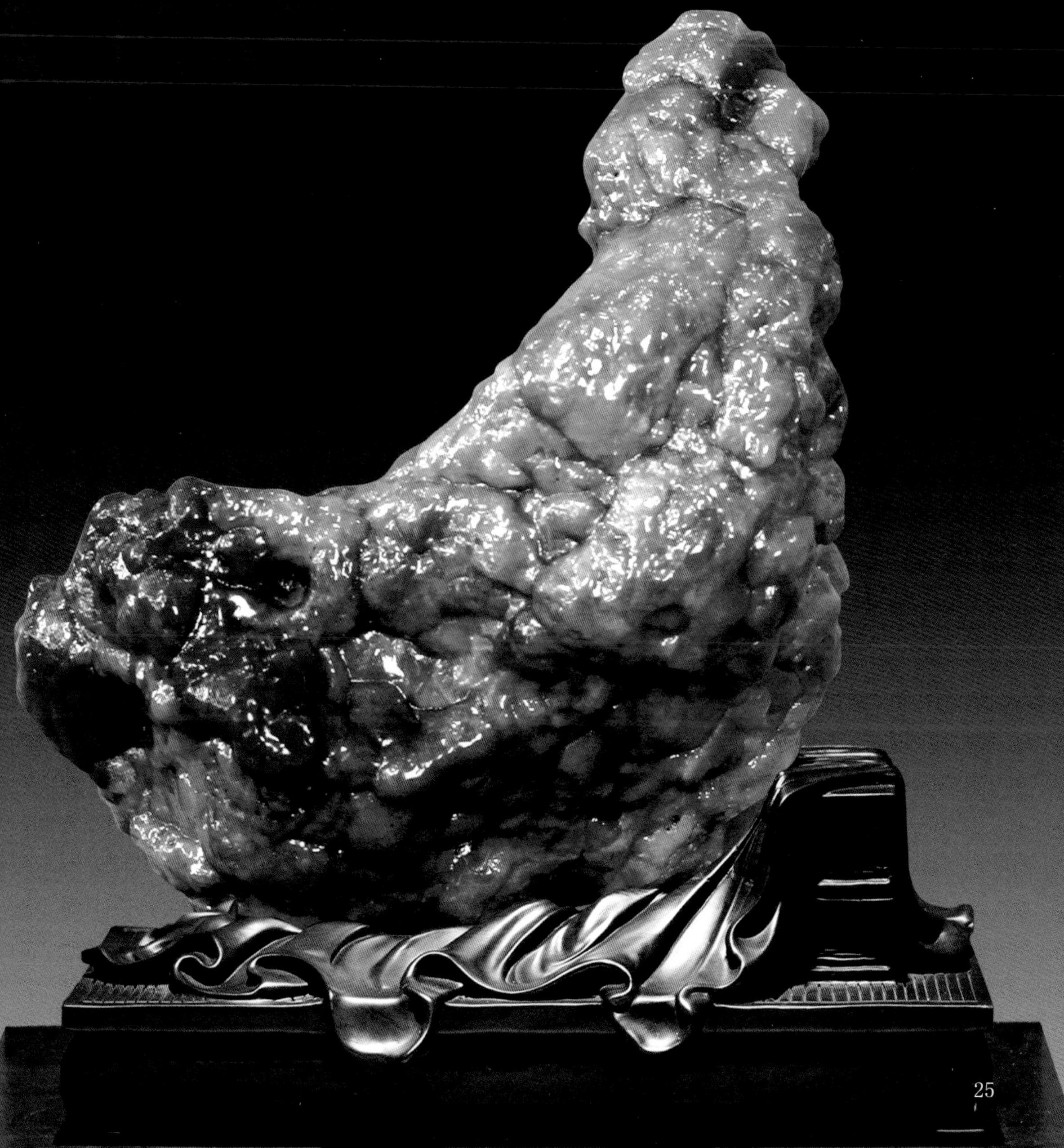

巉岩圣地

阡陌尽头，便得一山。曲径通幽，巉岩如壁。壁有千百洞，不知何仙居所。晴空高照，通体金黄。若夫闲闲细雨，垂丝千丈，云蔽日而有金光，竹颔首而花凝香。世人皆以此为圣地也。

石种：沙漠漆
尺寸：20×10×18cm

老子出关

本为庙堂管藏史，
但见王室锌壁衰。
青牛胯下悠悠乐，
函谷胸中道道揣。
有闻真言留世掷，
无见飘影渺地开。
天地倏忽本如此，
自然心中自然怀。

石种：葡萄玛瑙
尺寸：65×60×15cm

鸿运当头

鲜艳的衣裳是你的名片。蓝灰色表面那一大抹的鲜红，红的那么热烈，红的那么喜气。『红』历来是吉祥如意的象征。拥此石者，岂不鸿运当头？

石种：蓝泡玛瑙
尺寸：21×20×11cm

福禄

天地间从来不缺少异样的精灵，而它们往往是幸运的象征。此宝葫芦主白、黄色调，异样的色泽与形状让它具有了天地之灵气，满满的福禄之气。

石种：黄龙玉　尺寸：22×17×27cm

岁月之痕

你是史前的种子，流落天地间，开出了沧桑的历史之花；见证文明，看惯月风，青山依旧，几度夕阳，你只静待，便是大智慧。

石种：红碧玉
尺寸：50×40×22cm

仙路灵山

浓郁的色泽让你成为了世外桃源。一个又一个的凸起，像林木，似神仙。天地不接，大概唯有此处能从人间到达仙家。『世之奇伟、瑰怪，非常之观』，概无出其右者。

石种：孔雀石
尺寸：56×29×36cm

鱼戏莲叶

江南可采莲，
莲叶何田田，
鱼戏莲叶间。
鱼戏莲叶东，
鱼戏莲叶西，
鱼戏莲叶南，
鱼戏莲叶北。

石种：葡萄玛瑙
尺寸：75×20×17cm

禅心

我生乘化日夜逝，坐觉一念逾新罗。
纷纷争夺醉梦里，岂信荆棘埋铜驼。
觉来俯仰失千劫，回视此水殊委蛇。
君看岸边苍石上，古来篙眼如蜂窠。
但应此心无所住，造物虽驶如余何。

石种：大滩玛瑙　尺寸：9×7×9cm

大力水手

粗壮的臂膀，宽阔的胸膛，表面的颗粒化作了你生气的毛孔，一切都是力量和正义的证明。

石种：葡萄玛瑙　尺寸：54×34×25cm

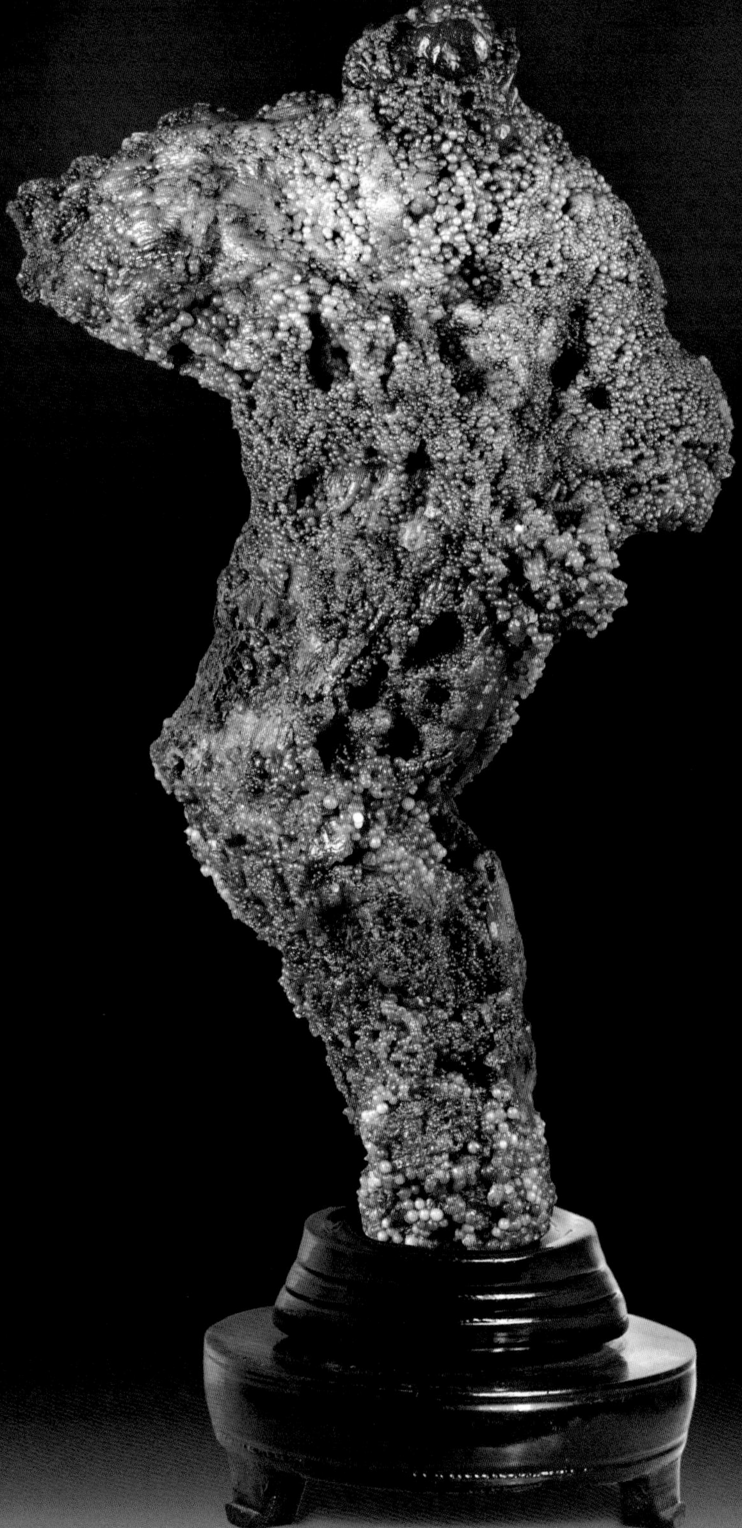

井底之蛙

蹲坐在井底，只见得一小片，却好像知晓了天下事，怡然自得。殊不知，这井外的天地远比井底的世界丰富多彩得多。做人切不可如其般思路狭窄、目光短浅。

石种：大滩玛瑙
尺寸：23×20×18cm

发财猪

通体光亮的色泽和细腻的质地赋予了你非凡的使命。你憨态可掬，不苟言语，却给人们带来美好的财运。非凡之物，必有祥瑞之气。

石种：沙漠漆
尺寸：17×10×12cm

新生

你刚来到这世界，就忍不住要出去看个究竟。出门前不忘打扮一番，穿上了你最喜欢的红衣裳。你蹒跚挪步，四处张望，肥颤颤的躯体多么可爱！一切都使你感到好奇，正是这好奇驱使你永不停歇。

石种：泡泡玉
尺寸：22×14×8cm

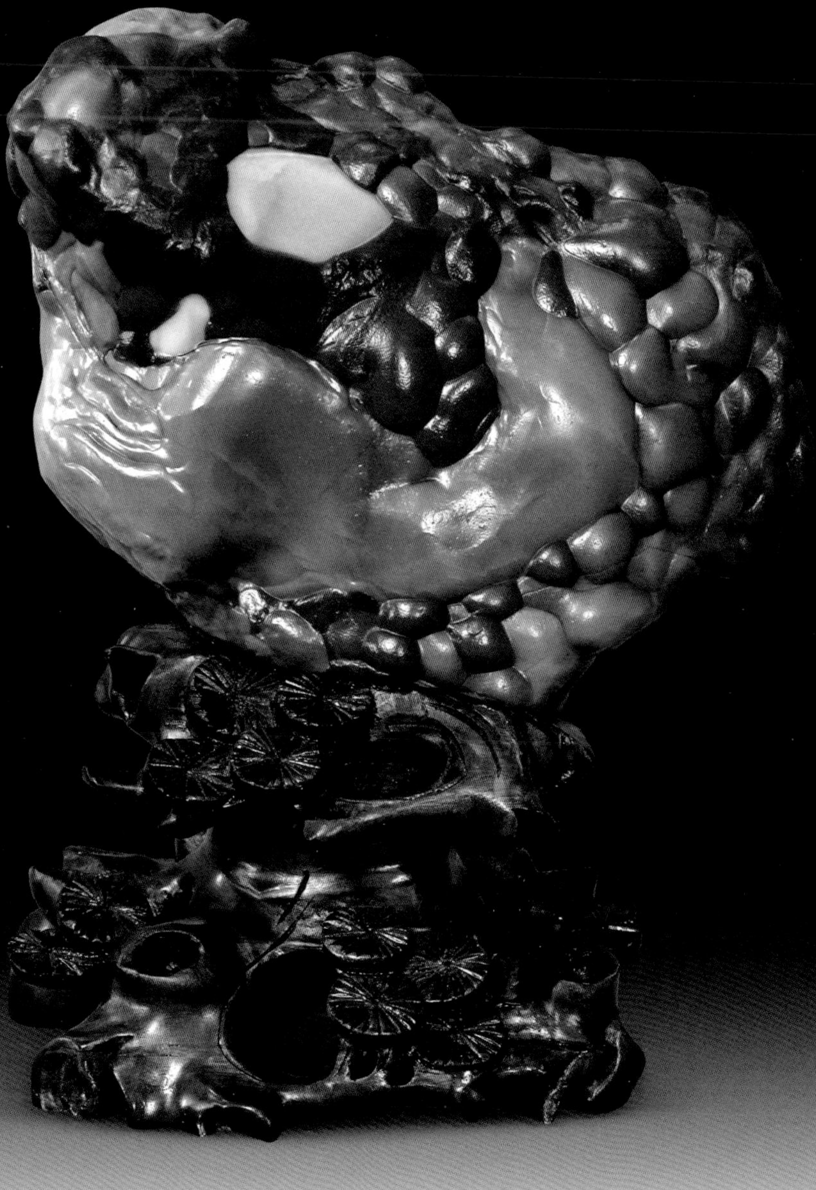

瓜熟蒂落

要不是见到你，怎能相信世间有如此喜庆的果实。红的那么热烈，红的那么诱人。倘若没有茎叶的支撑，你早已投入大地的怀抱。瓜熟蒂落，这是生命的律动。

石种：红碧玉
尺寸：52×28×25cm

唐老鸭

石种：沙漠漆
尺寸：11×10×8cm

寿桃

石种：大滩玛瑙
尺寸：10×5×9cm

金银山

质地细腻，光彩照人，黄白相宜，罗列有致。似满满是金银珠宝，堆满了宝库。大吉大利，财运畅通。

石种：黄龙玉　尺寸：39×21×28cm

天外来客

红红的头发，红红的面颊，深邃的眼眶，扁平的嘴鼻，你实在是不同凡响！你定是天外的来客，是巡视人间的精灵，为人们开辟出一片新的天地。

石种：葡萄玛瑙　尺寸：14×17×6cm

醉翁敬酒

古手持杯，礼相往来，虽已微醺，不负盛邀。庐陵醉翁，跃然入目。

石种：树化玉
尺寸：38×18×16cm

知『足』常乐

『智者乐山山如画，仁者乐水水无涯。从从容容一杯酒，平平淡淡一杯茶。』知足者心常惬，无求着品自高。

石种：大滩玛瑙
尺寸：12×5×10cm

盘龙如意

一眼望去，首先映入眼帘的就是一条浮在云彩上休息的盘龙，那神情似在告诉世间世界所有的烦扰都与己无关；再一看，又似一只如意。盘龙如意，大吉大利。

石种：黄碧玉
尺寸：35×14×17cm

踽踽行者

知道还有很长的路要走，你便出发前储藏了足够的能量。这使你略显臃肿，但丝毫不影响你前行的速度。你是踽踽的行者，问候尽头的繁华。

石种：葡萄玛瑙
尺寸：61×61×18cm

紫气东来

定是老子过关的遗韵还未散去，那表面的一大抹紫色凸显出了富贵华丽之气。观此石，立觉紫气东来。

石种：蓝泡玛瑙
尺寸：118×110×100cm

灵芝

春飔轻抚，你倒羞红了脸；含苞待放，展尽了人间繁华。那鸟儿的鸣叫声儿啊，定是你催情的信号，开满枝头，香气弥漫，红遍花海，富贵人间。

石种：红碧玉　尺寸：35×33×20cm

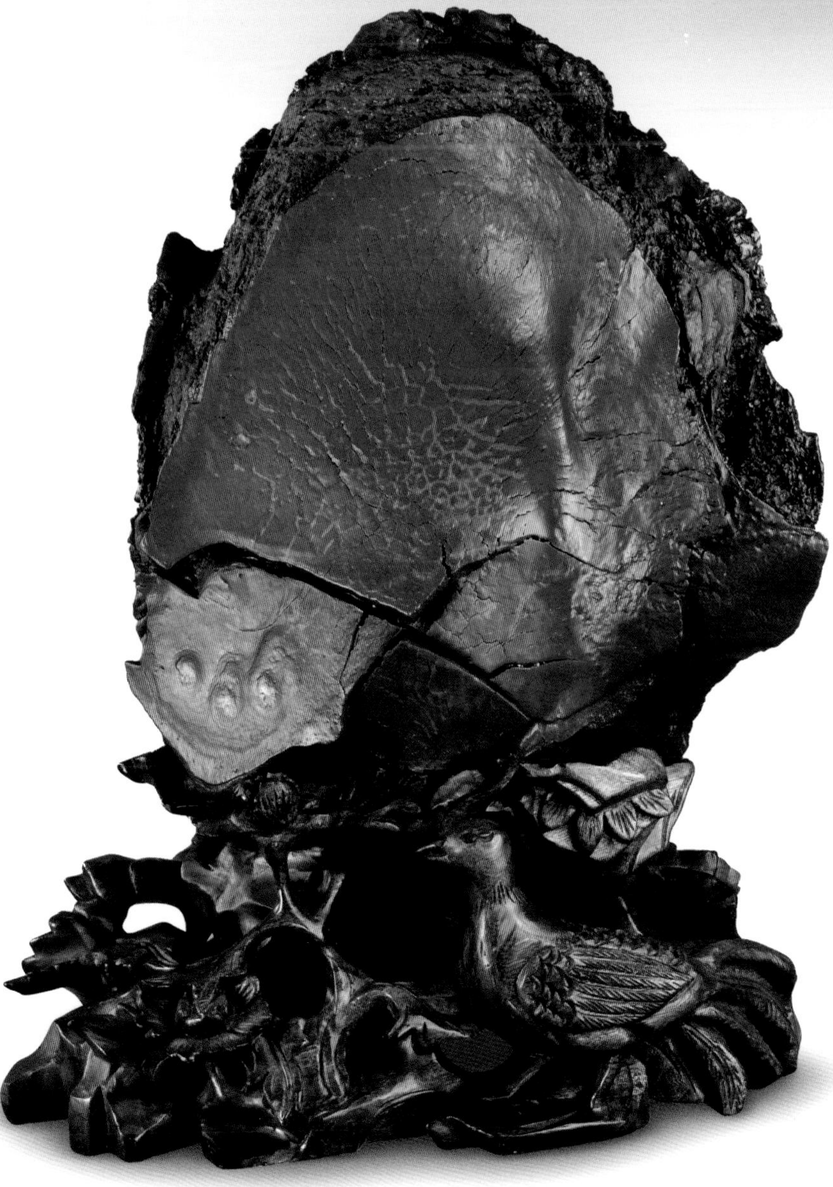

景观

石种：戈壁石
尺寸：13×6×8cm

穿龙角

石种：玛瑙
尺寸：17×14×7cm

傲视

站立高林，
傲视前方，
你用眼神告诉世界，
征服是你的使命。

石种：戈壁石
尺寸：13×13×14cm

月晕仙池

天将暗，月亮便爬出了山头。虽则一弯月，光辉却映黄了整座仙池。且乘风而去，何惧高寒？

石种：黄河石　尺寸：11×13×5cm

松下问童子

松下问童子，言师采药去。
只在此山中，云深不知处。

石种：黄龙玉
尺寸：43×13×49cm

萌宠

小小的眼睛，尖尖的鼻嘴，白色的毛皮上粘了些许泥土，吃一会美食就抬头环顾下四周，生怕被别人发现，好不可爱！

石种：玛瑙
尺寸：38×23×13cm

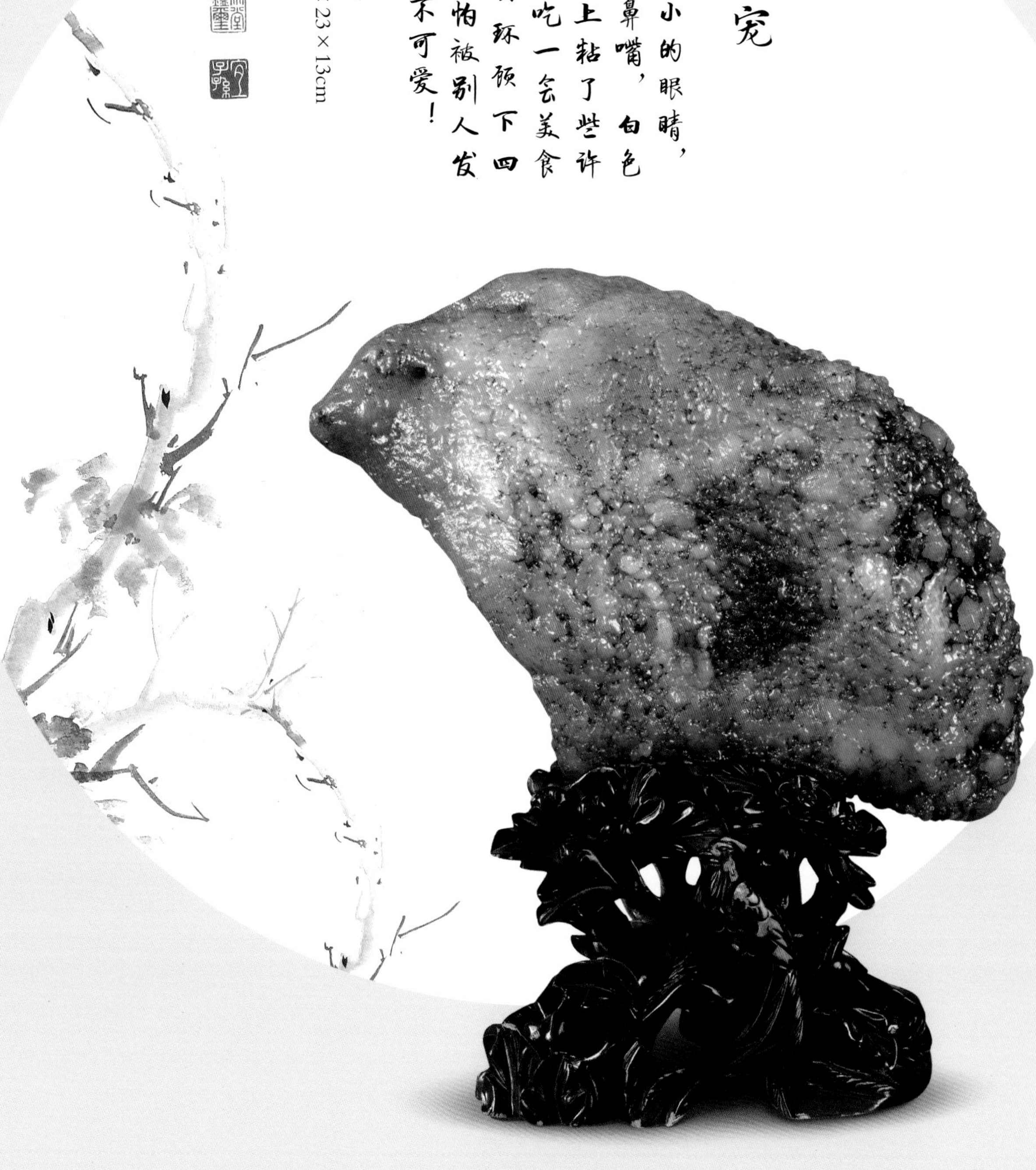

百财

除却其深浅相宜的色泽，单单是它的造型，就使人为之动容。一眼看去，像一颗玉质的白菜挺立于前，那么细腻，那么诱人。白菜者，百财也。富贵之相溢于言表。

石种：大滩玛瑙　尺寸：10×10×11cm

嗷嗷待哺

缱绻的团状毛发，充盈着紫色的祥瑞。你扭头『咩咩』地呼叫着母亲，嗷嗷待哺。这才是生命的本真。

石种：蓝泡玛瑙
尺寸：25×12×10cm

御风

艳丽的绿松色衣裳，平添了几多华丽气息。迎风摇摆，却不弯折；阻挡灰暗，站成永恒，守护一方。

石种：绿松石
尺寸：43×19×60cm

宝马雕车

为了这次远行，你准备了许久。越过坎坷的山丘，『宝马雕车香满路』；卸下身后的累赘，寻找守候的丽人；万般找寻，『蓦然回首，那人却在，灯火阑珊处』。

石种：戈壁石
尺寸：10×8×9cm

狗

石种：玛瑙
尺寸：17×7×6cm

金蟾

石种：大滩玛瑙
尺寸：10×8×11cm

黄河母亲

假使你问我世间什么人最伟大，我定不假思索地回答：『母亲！』从呱呱坠地，到长大成人，从在母亲怀中啼哭，到长大独当一面。你大了，母亲老了。『谁言寸草心，报得三春晖。』

石种：黄河石　尺寸：38×23×18cm

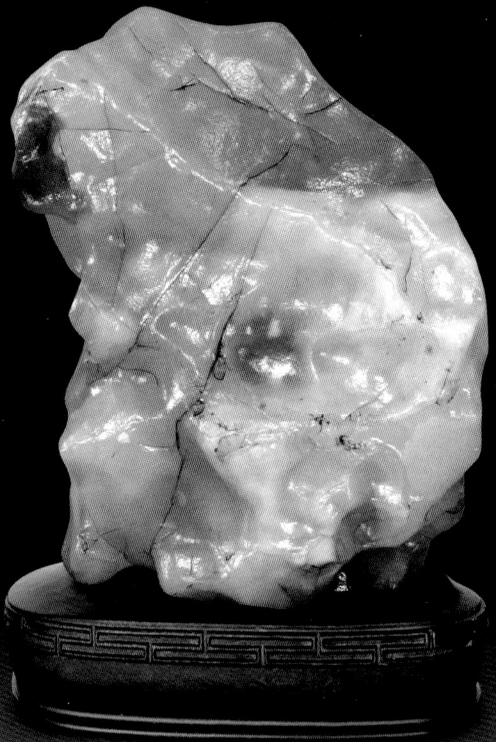

雄踞

石种：大滩玛瑙

尺寸：11×9×6cm

忠犬

石种：戈壁石

尺寸：14×9×12cm

玉兔

定是背着嫦娥又到处乱溜了吧？看你弄的一身土色。你蹲在那里一动不动，为自己的不听话感到惭愧。如此萌态，嫦娥怎么忍心罚你呢？

石种：玛瑙
尺寸：25×9×22cm

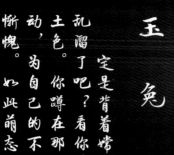

玉壶光转

石种：大滩玛瑙
尺寸：11×12×6cm

觅

石种：大滩玛瑙
尺寸：19×8×11cm

顽蟾戏水

刚才你还在水底，现在就站在了荷叶上。身上的水珠还未褪去，你就盯上了点水的蜻蜓。你想告诉它们你的友好，它们却爱搭不理。你还是自顾自地顽皮，就像刚来到这世界一样充满好奇。

石种：玛瑙　尺寸：17×15×14cm

休 憩

飞行了许久，才落脚休息，便扭头梳洗金黄欲滴的羽毛。你站在那里，就是一道风景。

石种：玛瑙

尺寸：13×10×12cm

雄鸡一鸣天下白

雄鸡一鸣兮天下白，
天下白兮晓归来。
晓归来兮耀四海，
四海耀兮明苍白。
吾为少年兮当抚云，
立起行兮何怆然？

石种：大滩玛瑙
尺寸：38×30×12cm

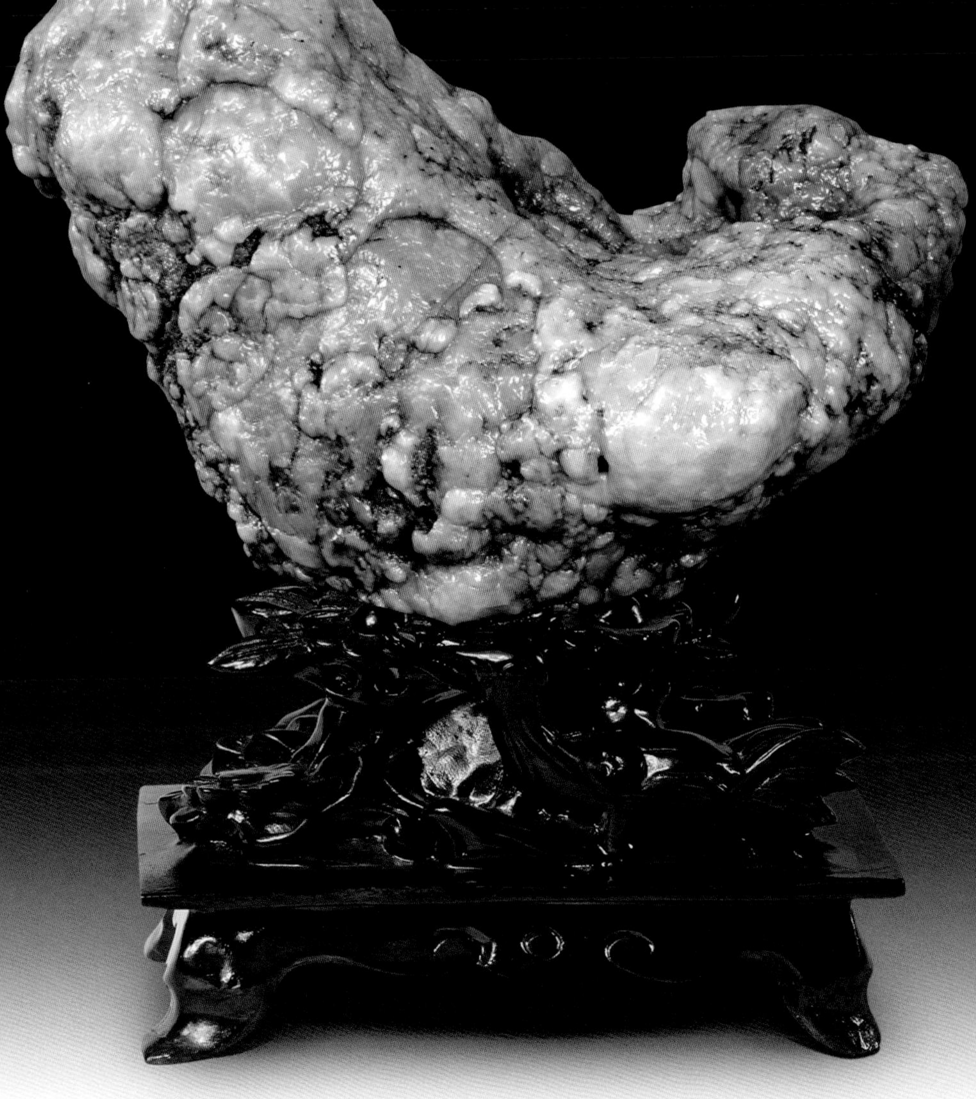

大漠之吻

你见到过『大漠孤烟直，长河落日圆』的壮观，你经历过『醉卧沙场君莫笑，古来征战几人回』的悲壮，你倾听过『日暮风悲兮边声四起，不知愁心兮说向谁是』的胡笳悲鸣吗？只是大漠之风的轻轻一吻，便吻出了岁月的色彩，绽放了历史的沧桑。

石种：沙漠漆
尺寸：24×16×24cm

重建大业

独特的色泽与镂空为我们展现出了一幅重建大业图。十数只辛勤之虫形态各异，却都一心扑在『大叶』上，彼此之间有着默契的配合。『虫见大叶』者，『重建大业』也，勤劳、敬业的精神，悄然入目。

石种：树化玉

尺寸：36×36×14cm

蝴蝶

石种：戈壁石

尺寸：10×9×8cm

金蟾

石种：大滩玛瑙

尺寸：15×8×7cm

回眸

世间多少次的温暖，才带来一次温柔的回眸。是走散了的孩子？还是守望已久的爱人？你完全没有了叱咤丛林的威武，眼神中充满了温化冰凉的温柔。这温柔，足以征服所有。

石种：带沙漠漆的玛瑙
尺寸：27×11×21cm

希望

似刚破壳的雏鸟，别有一番灵气。一切的破壳都是一种新生，一切的新生都充满无尽的希望。

石种：大滩玛瑙　尺寸：17×8×6cm

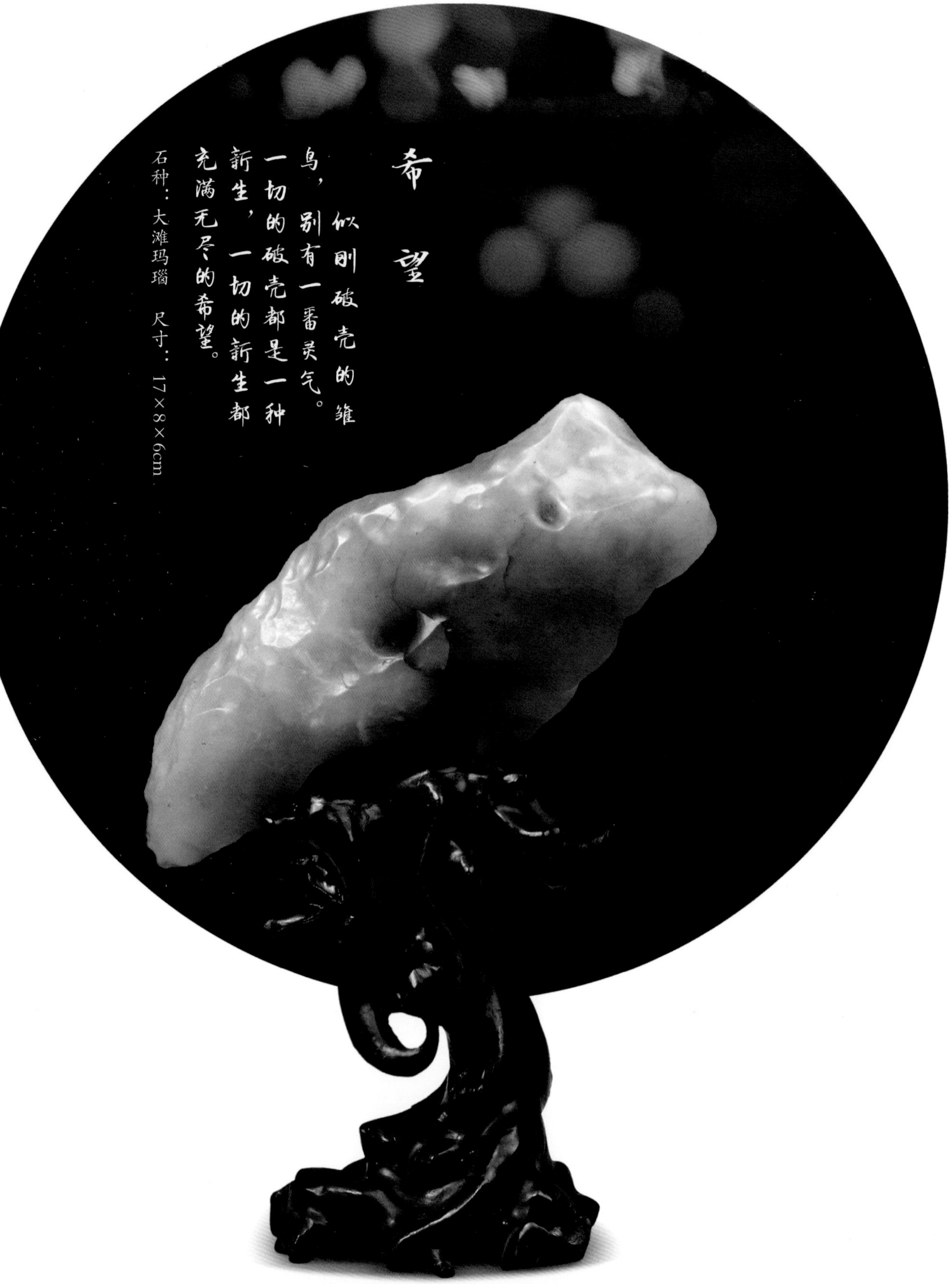

版图

你威风凛冽的轮廓，如我们伟大的祖国。不同的色彩是不同的地理构造；天然的纹络与凹凸，勾勒了山川湖泊；你沧桑的面容，向人们讲述着千年的往事。一切的一，一的一切，是一个民族的沉稳、刚毅、骄傲、不屈！

石种：蓝泡玛瑙
尺寸：210×155×65cm

争先恐后

细腻的管状凸起恰当地运用了空间，塑造出了一个个人形。前边的矮小簇拥着后面的高大，好像是一位先生在给孩子们讲故事。面对老师的提问，他们有的举手，有的起立，有的嘴张得大大的，争先恐后。

石种：管状玛瑙
尺寸：45×25×15cm

信使

圆润细腻，质朴厚重，是新出土的文物，站作永恒，捎来遥远的问候。

石种：灵璧石
尺寸：75×27×17cm

涧边幽草

独怜幽草涧边生，上有黄鹂深树鸣。
春潮带雨晚来急，野渡无人舟自横。

石种：黄龙玉（草花） 尺寸：34×14×13cm

玉鸟报春

『春江水暖鸭先知』，水中鸭子还未出动，你就发出了春的信息。

石种：葡萄玛瑙

尺寸：20×11×1cm

熊猫

石种：黄龙玉籽料
尺寸：42×32×26cm

金兔

石种：沙漠漆
尺寸：15×9×13cm

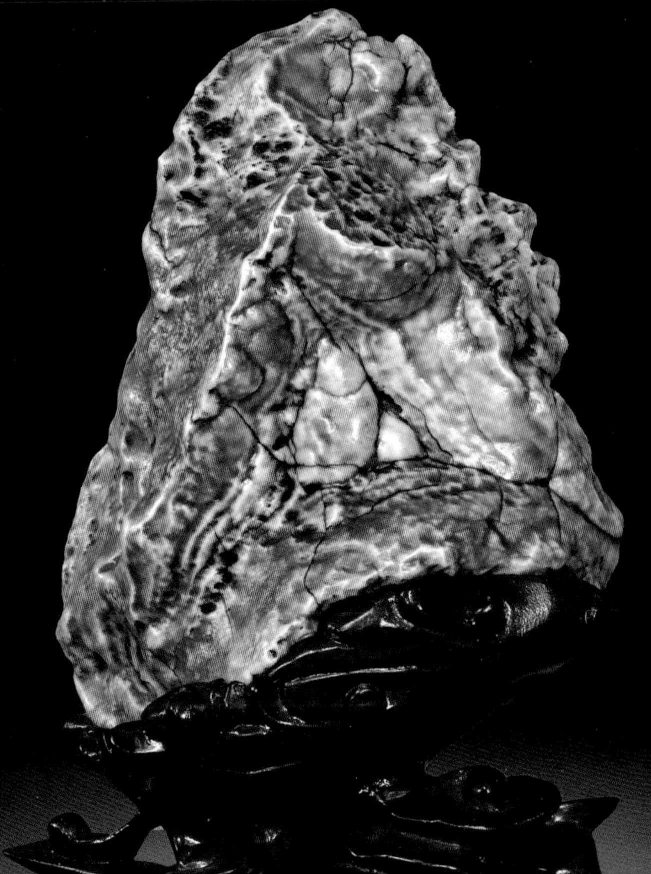

佛在心中

石种：沙漠漆
尺寸：14×9×16cm

翳林幽径

一抹朝霞映黄了仙境，云雾缭绕，林木隐现，幽径上时有行人，却步履轻盈，生怕打破了静谧，唯有清脆的鸟鸣，告诉你这非人间所在。

石种：黄龙玉　尺寸：32×12×6cm

寿无竟

神龟虽有竟日，但往世间俗痴。不作磐石可，翘首以默待之。何羡，何羡，不语但为时时。

石种：龟背石
尺寸：50×50×4cm

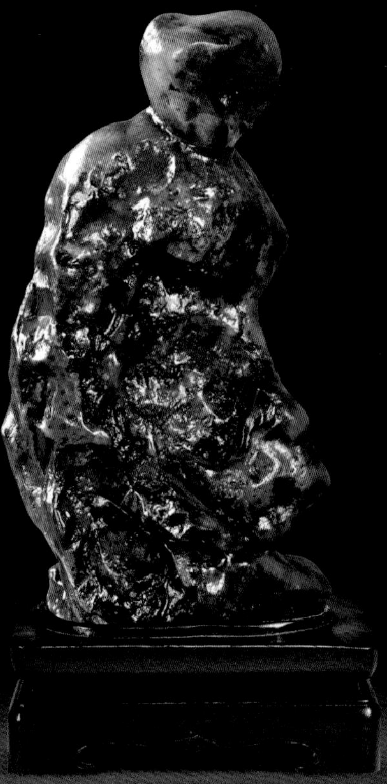

归去来

石种：戈壁石

尺寸：13×7×5cm

流韵

石种：大滩玛瑙

尺寸：15×5×8cm

山巅揽胜

险峻的风采，秀气的脾气，那管状的峰崖连接着天地。暗暗的色调，风塑出了壮美的图画，堆砌的巉岩，宣告着威严。『会当凌绝顶，一览众山小』，登此山，天地尽在心中。

石种：管状玛瑙　尺寸：25×24×25cm

沧海桑田

光阴常无踪，
词穷不敢道荏苒；
欢笑仍如昨，
今却孤影忆花繁。

石种：红碧玉
尺寸：34×11×45cm

和平鸽

你是刚洗过澡吧？全身都那么干净、亮丽。伴着春风，你衔来了新绿，咕咕咕……那橄榄枝滑落，带来了万世太平。

石种：大滩玛瑙
尺寸：19×11×12cm

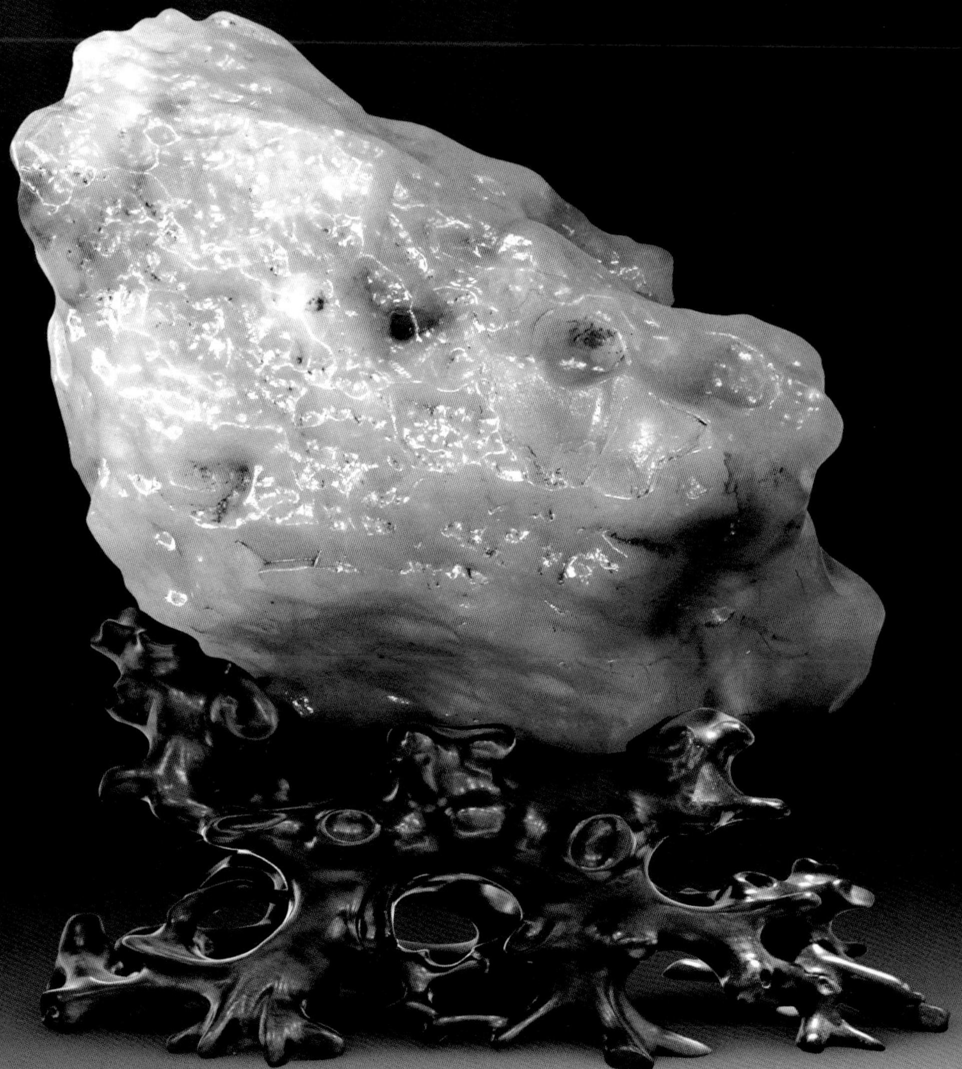

蟠桃

三千年里一生实，三月三日为母情。
生是仙家仙院里，死亦天上天境中。
不是凡间凡俗物，却为俗世俗人哀。
谪仙不悯九天寞，但笑人间情倾倾。

石种：大滩玛瑙　尺寸：8×7×6cm

初啼

石种：大滩玛瑙
尺寸：11×6×5cm

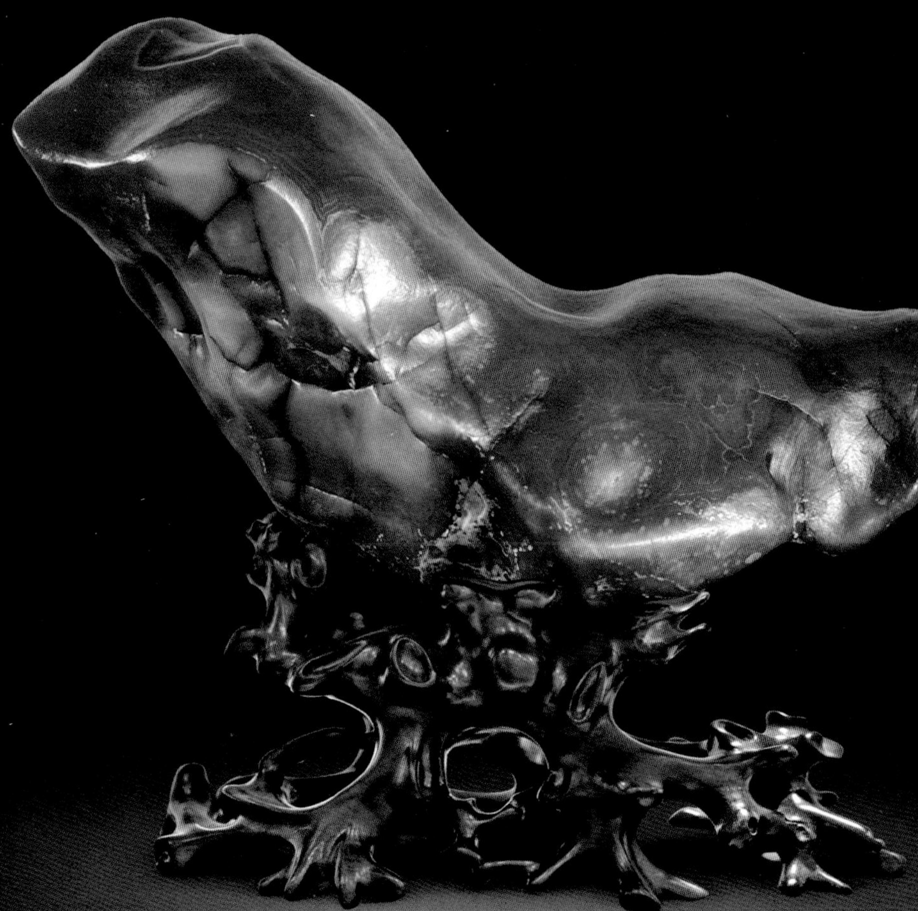

参天悟道

天然的墨绿色夺人眼球，独特的造型亦是一大特色。似学生在向老师习天地之道。参天悟道，得天下之宜。

石种：孔雀石
尺寸：23×13×6cm

招财

颗颗饱满，粒粒圆润，闪耀着翠绿的诱人色泽；似刚刚出土的稀世珍宝，给人们带来无尽的财富。

石种：葡萄石
尺寸：38×14×30cm

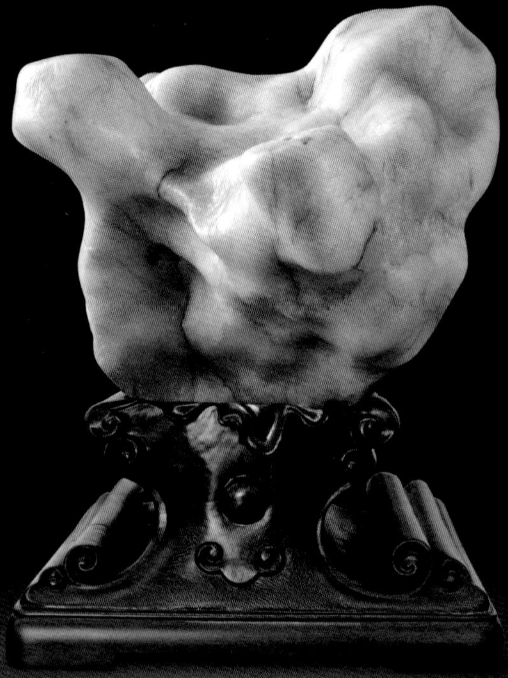

含蕴

石种：沙漠漆
尺寸：7×10×7cm

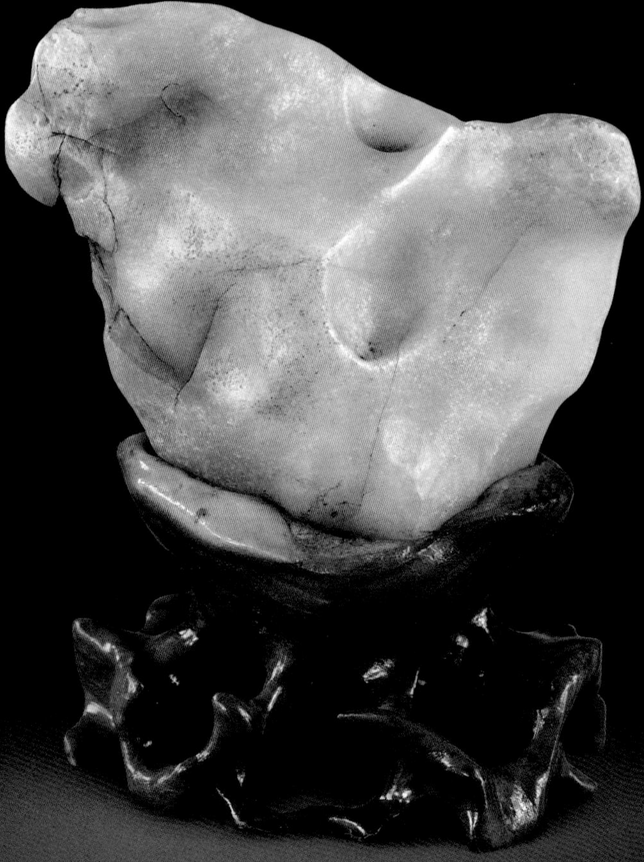

雪羽

石种：玛瑙
尺寸：10×8×7cm

福气

通体而红，细腻出水，饱满圆润，福气满满。

石种：红碧玉
尺寸：9×10×9cm

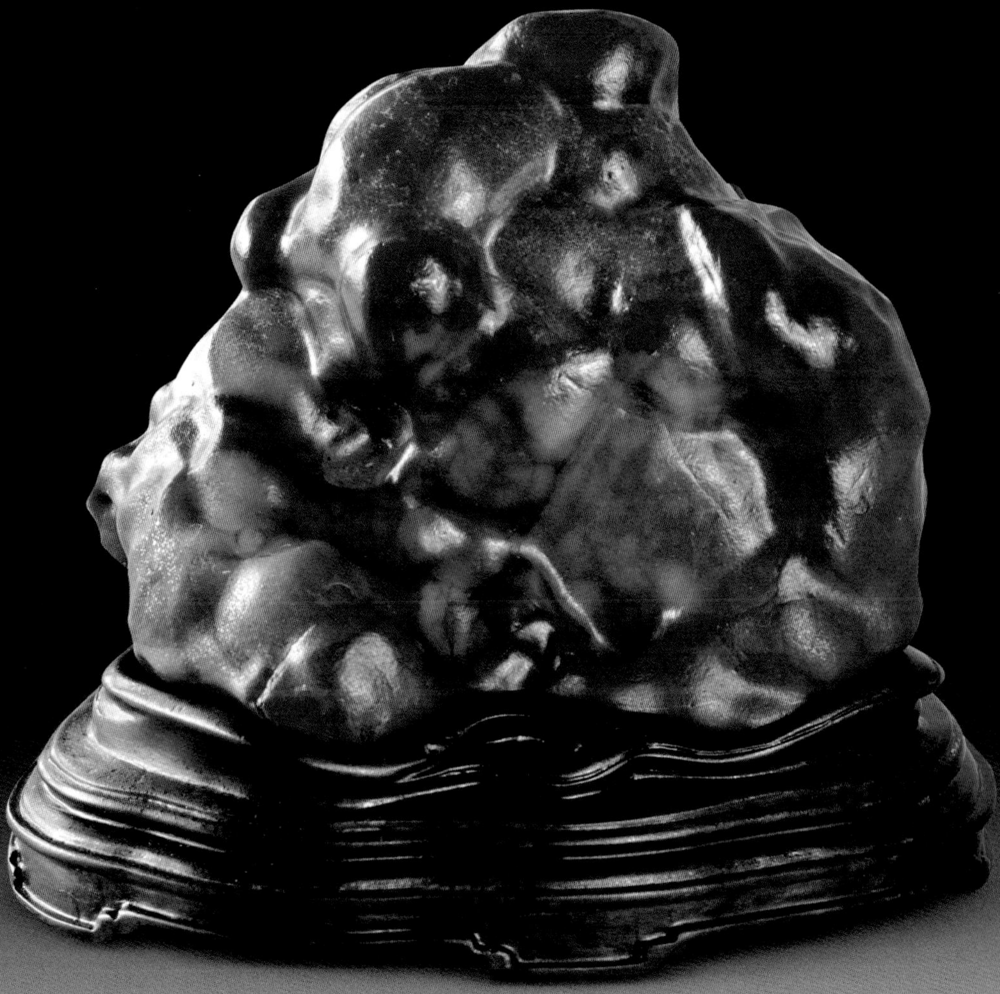

暮归

石种：戈壁石
尺寸：10×7×6cm

自由

大海的宽广和你的心胸成就了你的自由。落日的余晖播撒在你的身上，映出了晚霞的色彩。你畅游大海，无拘无束，诠释着生活的真谛。

石种：玛瑙　尺寸：10×7×9cm

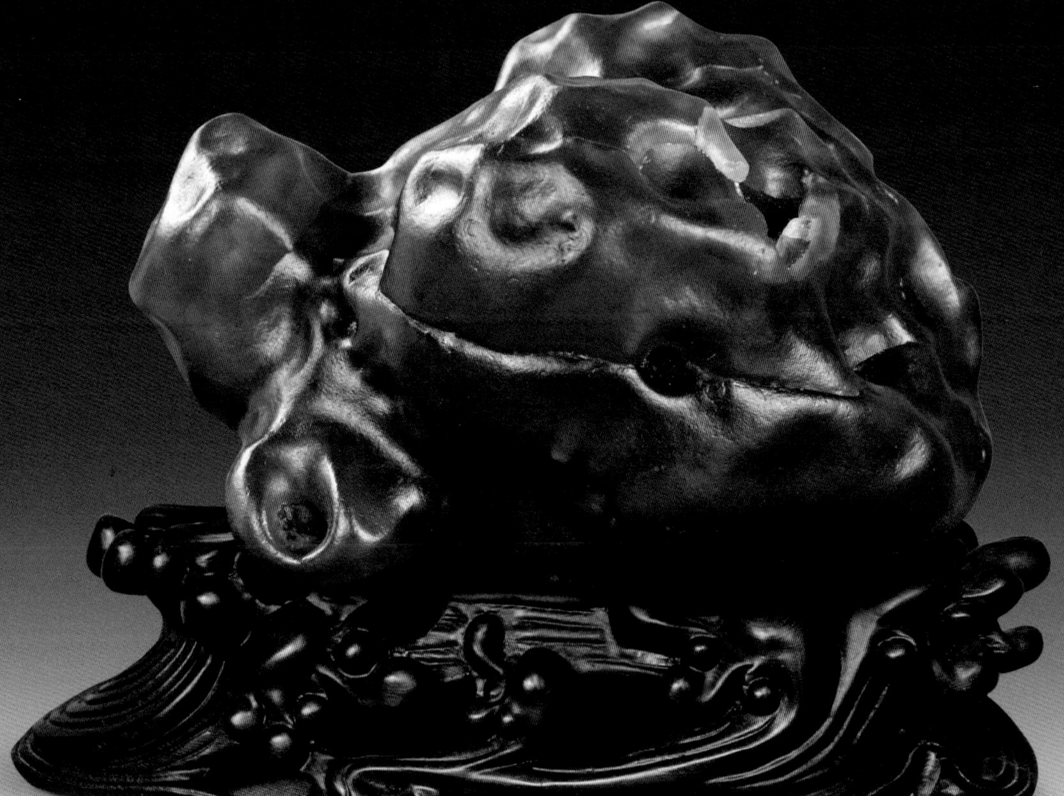

灵鸟登枝

晶莹剔透的质地，白黄相宜的色泽，眉目毕肖的神态，灵动活泼的模样，你飞过大山，越过大洋，此时轻落枝头，合实双翼，轻轻一鸣，便唤醒了沉睡的万物。

石种：大滩玛瑙　尺寸：18×10×14cm

国色天香

红黄相间，富贵之相；颗颗琉璃，祥气升云。世外桃源，意境高远，虽不见花，已香气满天地。

石种：葡萄玛瑙
尺寸：40×37×20cm

长啸高岗

站在高岗，双臂贴身，吸足底气，长向而鸣。是为战友报告敌人来侵的危险，还是向对手宣告威严乎？或者是倒下前最后的哀鸣。这长啸，响彻苍穹。

石种：树化玉　尺寸：72×22×11cm

守候

望着亲人将要归来的方向，踮起前肢，守候于此，随时准备着拥抱。记得上次送别时你也是如此，只是此时你的眼睛里多了几分欢喜与期待。

石种：玛瑙

尺寸：36×25×37cm

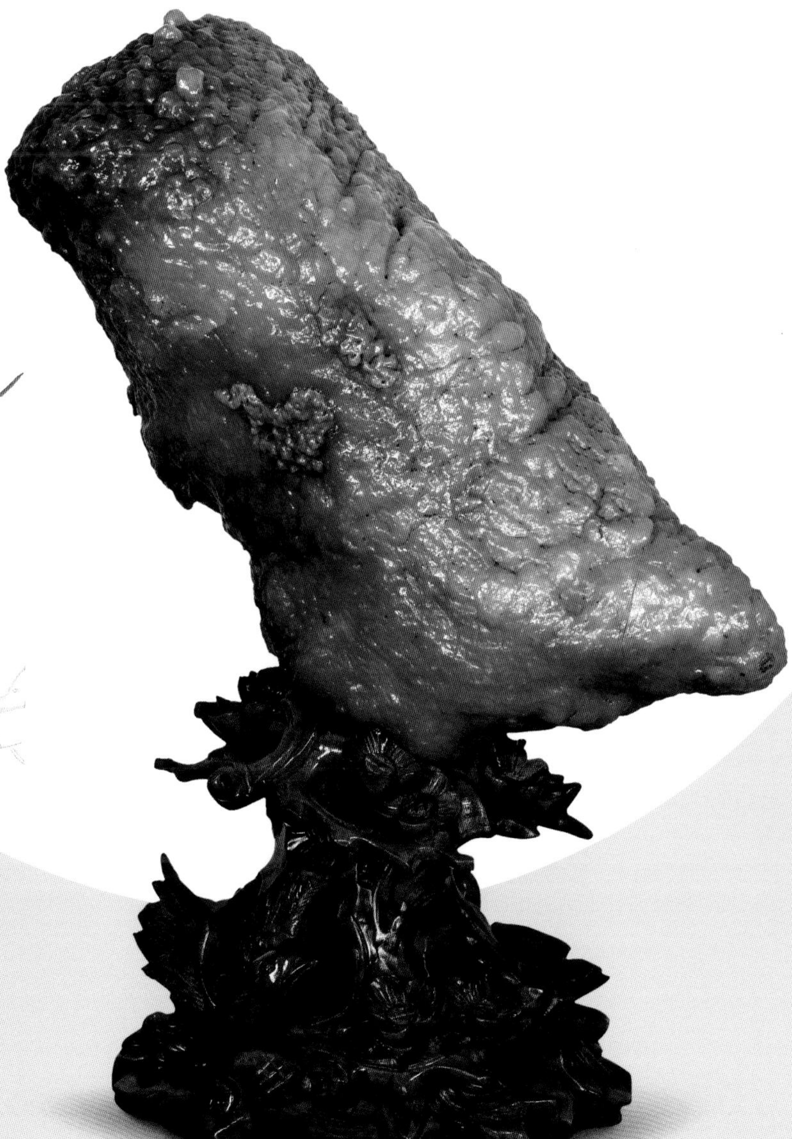

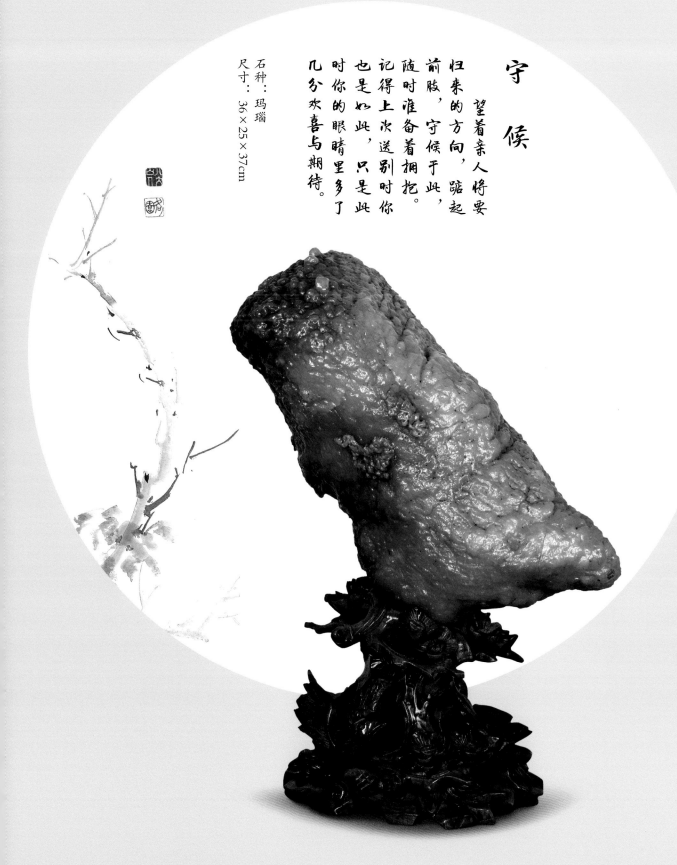

透彩

石种：玛瑙

尺寸：9×9×6cm

期盼

石种：大滩玛瑙

尺寸：8×6×6cm

福像

通体金黄为主，天然的凹凸与纹络雕刻出了人形，似腾云驾雾而来。黄色，从来都是高贵与富有的象征，福像，福相也。

石种：大滩玛瑙　尺寸：5×11×5cm

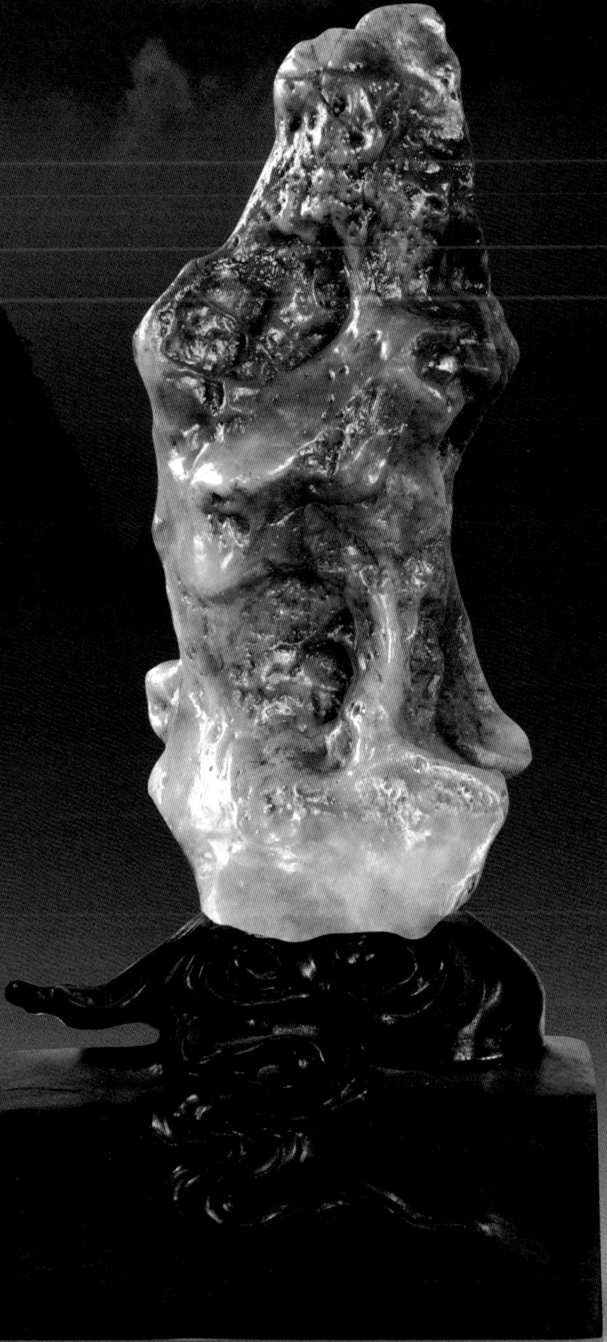

遥望

窗外是故乡的风的味道。许久未闻，却依旧熟悉。最让你后悔的，莫过于冲动地离家吧？你起身，踟蹰，『望着窗外，只要想起一生中后悔的事，梅花便落满了南山』。

石种：葡萄玛瑙
尺寸：62×35×56cm

诵经

身披通黄袈裟，侧身诵经，喃喃细语，传遍天地。所谓：『诗人借车无可载，留得一钱何足赖！晚年更似杜陵翁，右臂虽存耳先聩。人将蚁动作牛斗，我觉风雷真一噫。闻尘扫尽根性空，不须更枕清流派。』

石种：黄龙玉籽料原石　尺寸：45×50×35cm

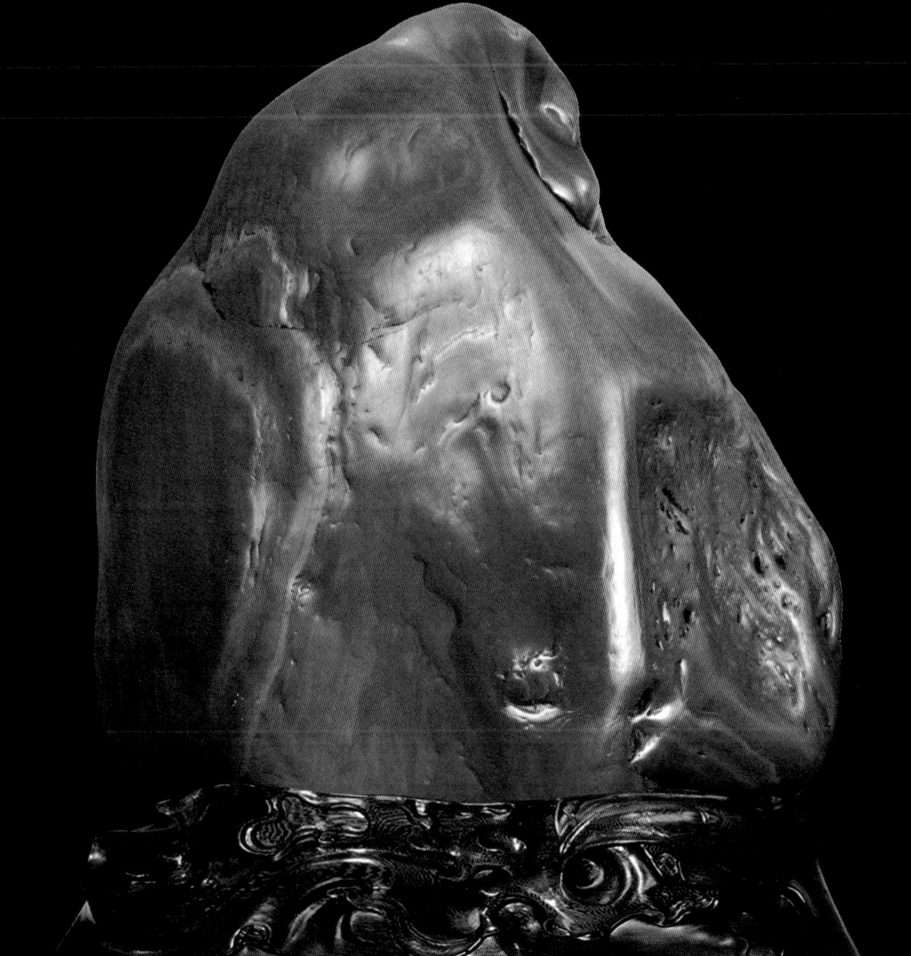

鸳鸯

南山一桂树，
上有双鸳鸯。
千年长交颈，
欢爱不相忘。

石种：玛瑙
尺寸：20×10×6cm

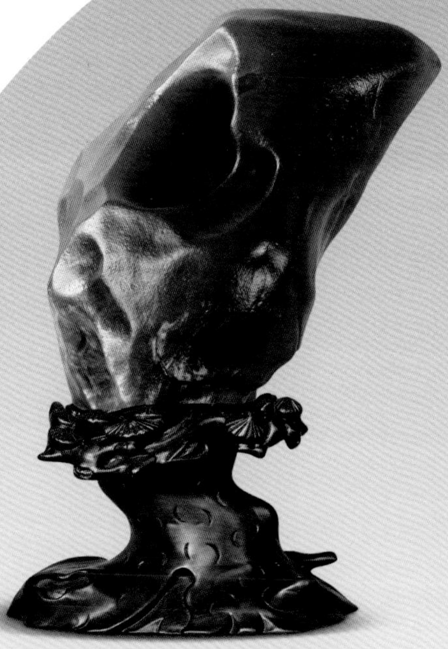

弄潮

石种：大滩玛瑙

尺寸：7×8×6cm

临风挺立

石种：新疆泥石

尺寸：19×10×7cm

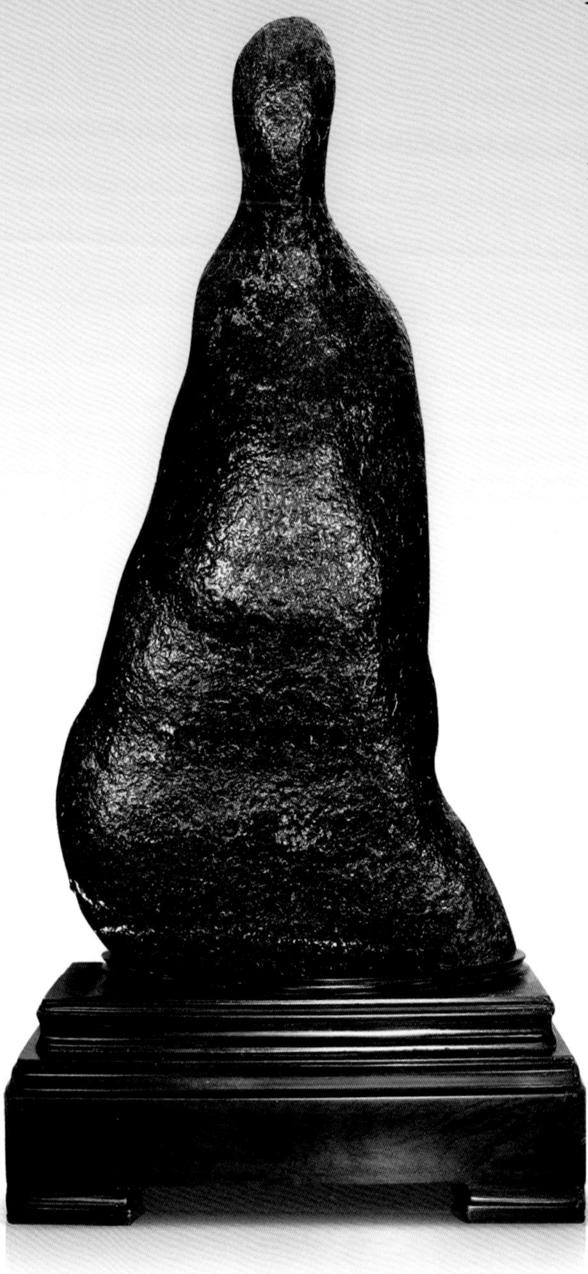

留恋

拖延很久，难舍难分，但终要分别。步履沉重，泪眼婆娑，一步十回首。你没有如期而走，这正是相聚的意义。

石种：葡萄玛瑙
尺寸：14×14×5cm

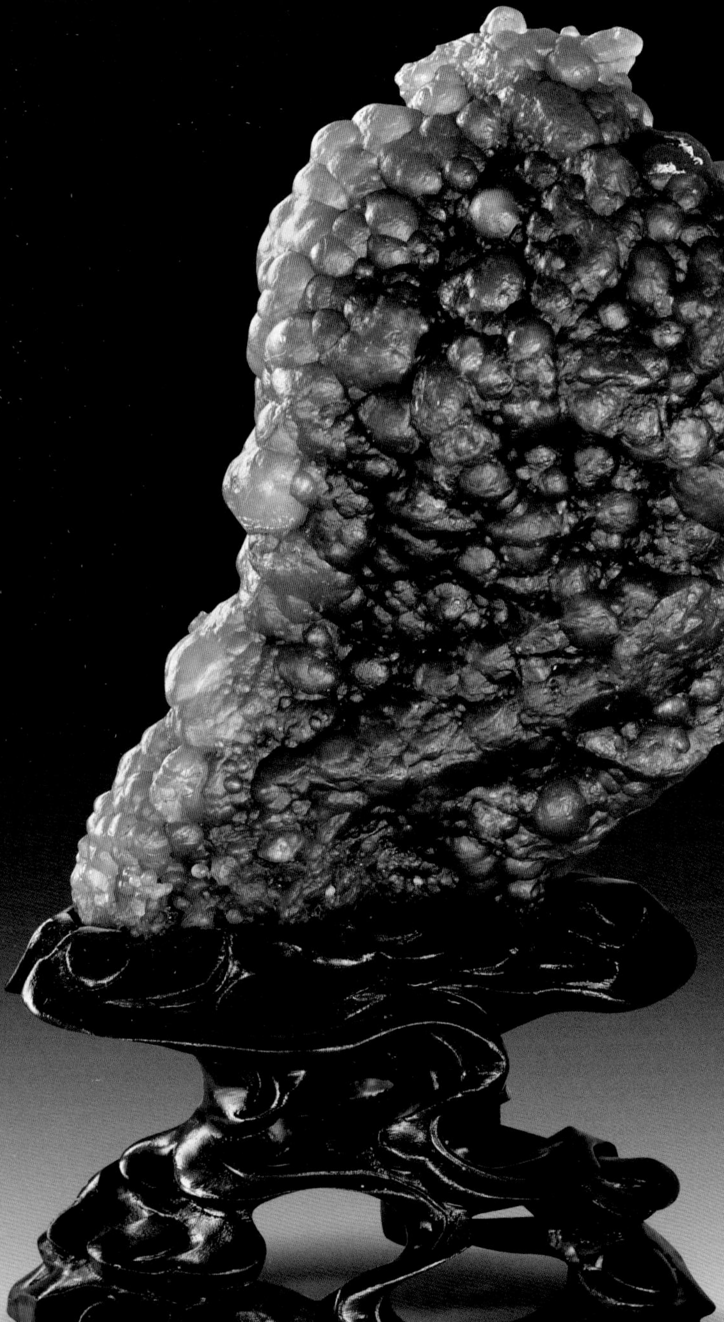

气吞山河

似一张张大的巨嘴，紧绷的肌肉充血而泛红，颗颗坚硬的牙齿似要撕食世间的一切。大口一张，便是半个人间。

石种：红碧玉
尺寸：5×6×10cm

梅

石种：鸡血石
尺寸：14×9×4cm

兰

石种：鸡血石
尺寸：17×7×5cm

菊

石种：鸡血石
尺寸：14×9×3cm

荷

石种：鸡血石
尺寸：13×12×3cm

雄姿

健硕的双臂紧紧抱着对手，一刻也不敢放松，力道的惯性让你的右脚抬起，紧锁的双眉凝聚着所有的力气，坚定的目光肃杀着对手的锐气。这不仅仅是一场精彩的比赛，更是力与美的表达。

石种：葡萄玛瑙
尺寸：24×8×15cm

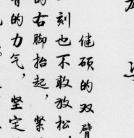

灵物

我不知道你是什么，我只能说你像什么。似远远而来的小狗，活泼地蹭着主人的腿脚；似刚落枝头的小鸟，鸣响了整座山林；似天外的神奇来客，带来了红色的祝福……一切都那么灵动。

石种：大滩玛瑙
尺寸：20×13×15cm

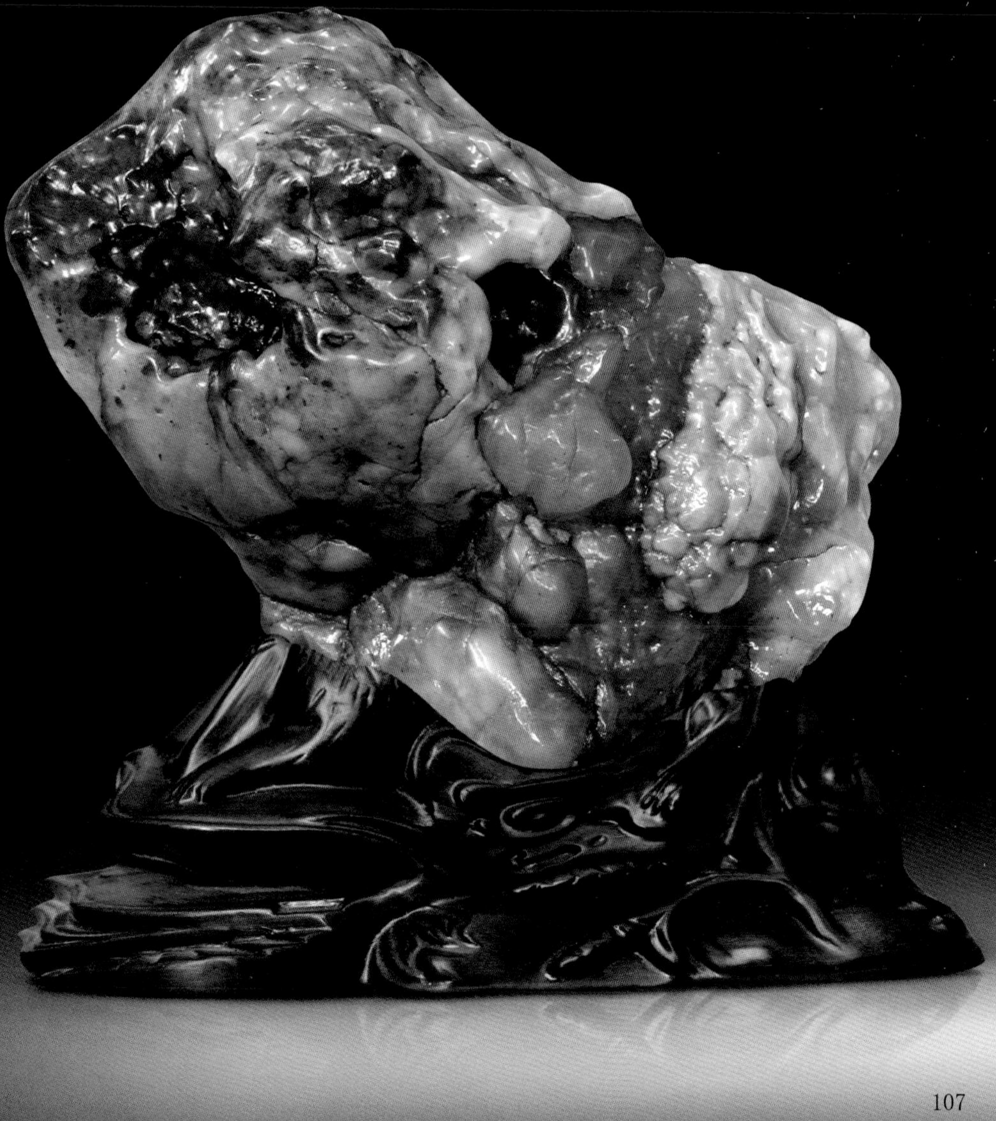

仙蟾望月

冰刀微割天池边，
霜露初寒九月三。
玉杵现今谁持手，
不知何时已易仙。

石种：葡萄玛瑙
尺寸：20×12×15cm

金钱山

这是一座世外仙山。山上堆满了金银珠宝，一层又一层，密密麻麻。这里曾上演『人为财死，鸟为食亡』的故事。这是一座宝藏山，物质的，精神的。

石种：玛瑙
尺寸：15×9×10cm

温馨

窗外是凛冽的寒风，你却无家可归。你尽量地将身体蜷作一团，好少散一些热气。怀中的婴儿在啼哭，望着来往的行人，你把他抱得更紧了。是贫贱，还是高贵？

石种：大滩玛瑙
尺寸：20×25×10cm

守护

似一只穿越时空而来的恐龙，前肢高抬，扭头长嘶，吓得敌人落荒而逃。你要守护你的家园，你的亲人，还有一方平安。

石种：葡萄玛瑙

尺寸：44×18×17cm

祥瑞

紫色的大气在你身上体现得淋漓尽致，每一寸都闪着高贵的光芒。紫气东来，祥瑞满屋。

石种：紫水晶

尺寸：240×98×60cm

福落人间

金黄的色泽让人爱不释手；飞鸟的造型，是福气的使者。落在枝头，绽放繁华，福荫人间。

石种：沙漠漆　尺寸：18×7×9cm

聚宝盆

这定是沈万三流落民间的聚宝盆。奇异的形状，鲜亮的色彩，细腻的质地，注定了它的不落凡俗。得此宝盆，财源不断。

石种：葡萄玛瑙
尺寸：47×43×30cm

俯察天地

似一位踽踽的智者，双手背后，闲庭信步，『仰观宇宙之大，俯察品类之盛』，目之所及，空旷高远，人于天地，沧海一粟耳。

石种：大滩玛瑙　尺寸：13×21×15cm

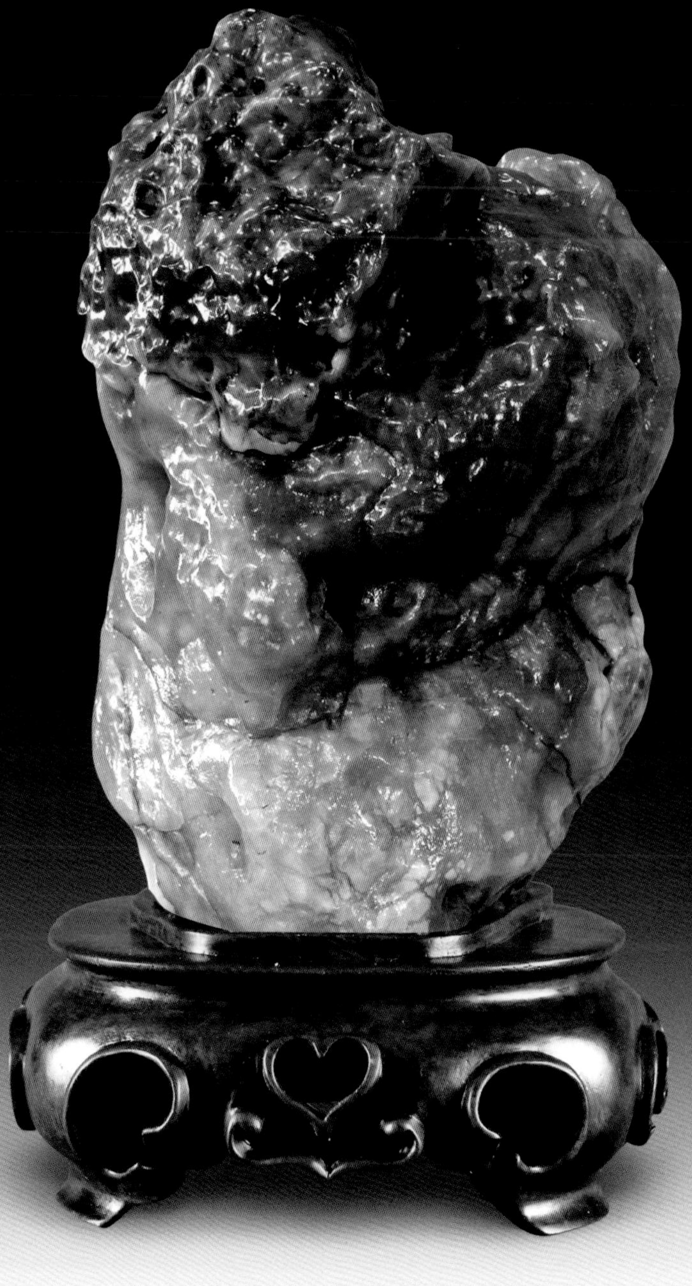

刺猬

石种：玛瑙
尺寸：15×11×9cm

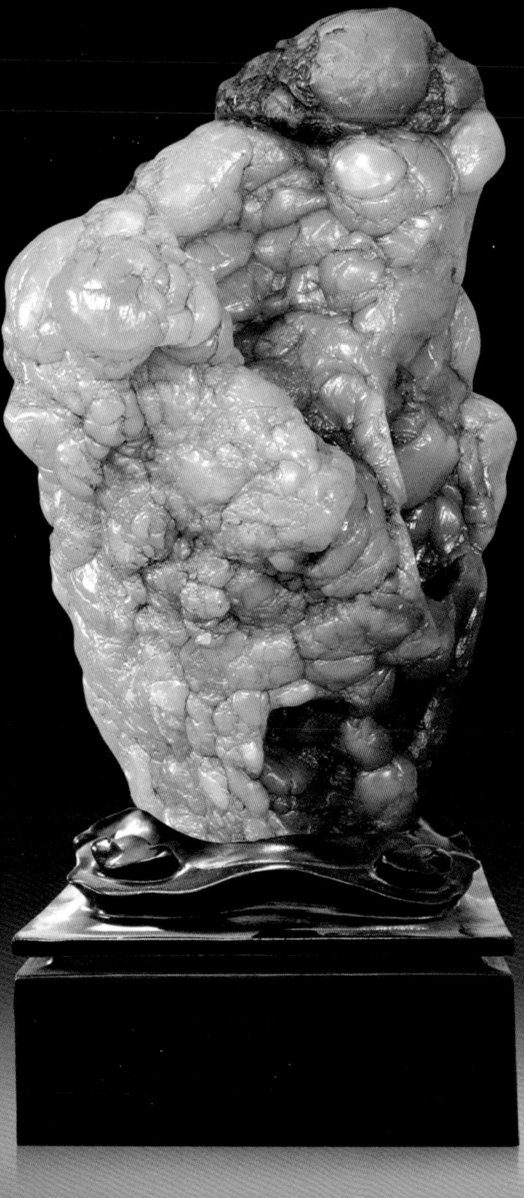

鲛珠坠

石种：大滩玛瑙
尺寸：12×8×7cm

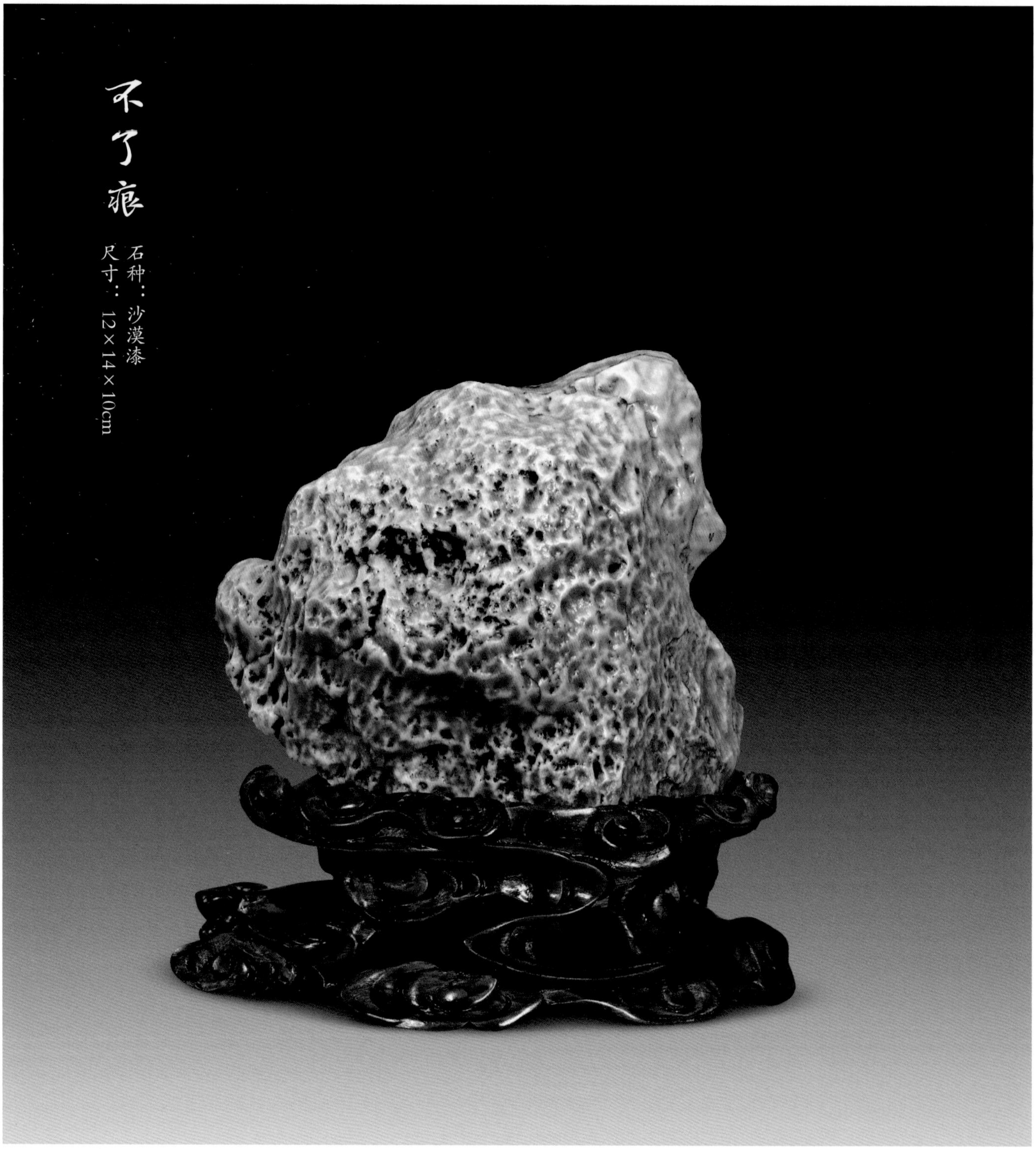

不了痕

石种：沙漠漆

尺寸：12×14×10cm

观自在

石种：大滩玛瑙
尺寸：14×9×5cm

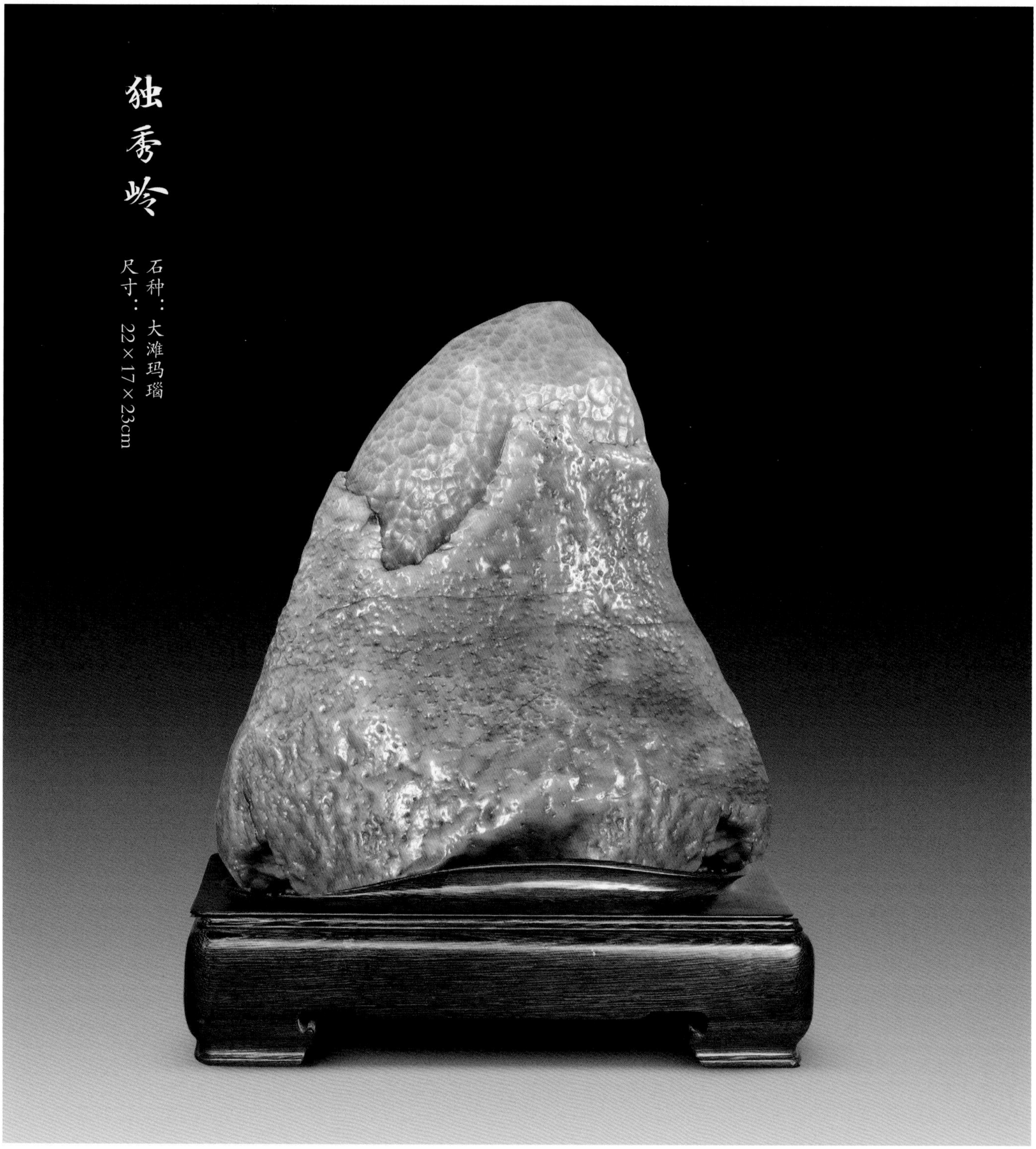

独秀岭

石种：大滩玛瑙
尺寸：22×17×23cm

仙蟾

风高浪快，万里骑蟾背。
曾识姮娥真体态，素面原无粉黛。
身游银阙珠宫，俯看积气闲闲。
醉里偶摇桂树，人间唤作凉风。

石种：蓝泡玛瑙
尺寸：20×10×10cm

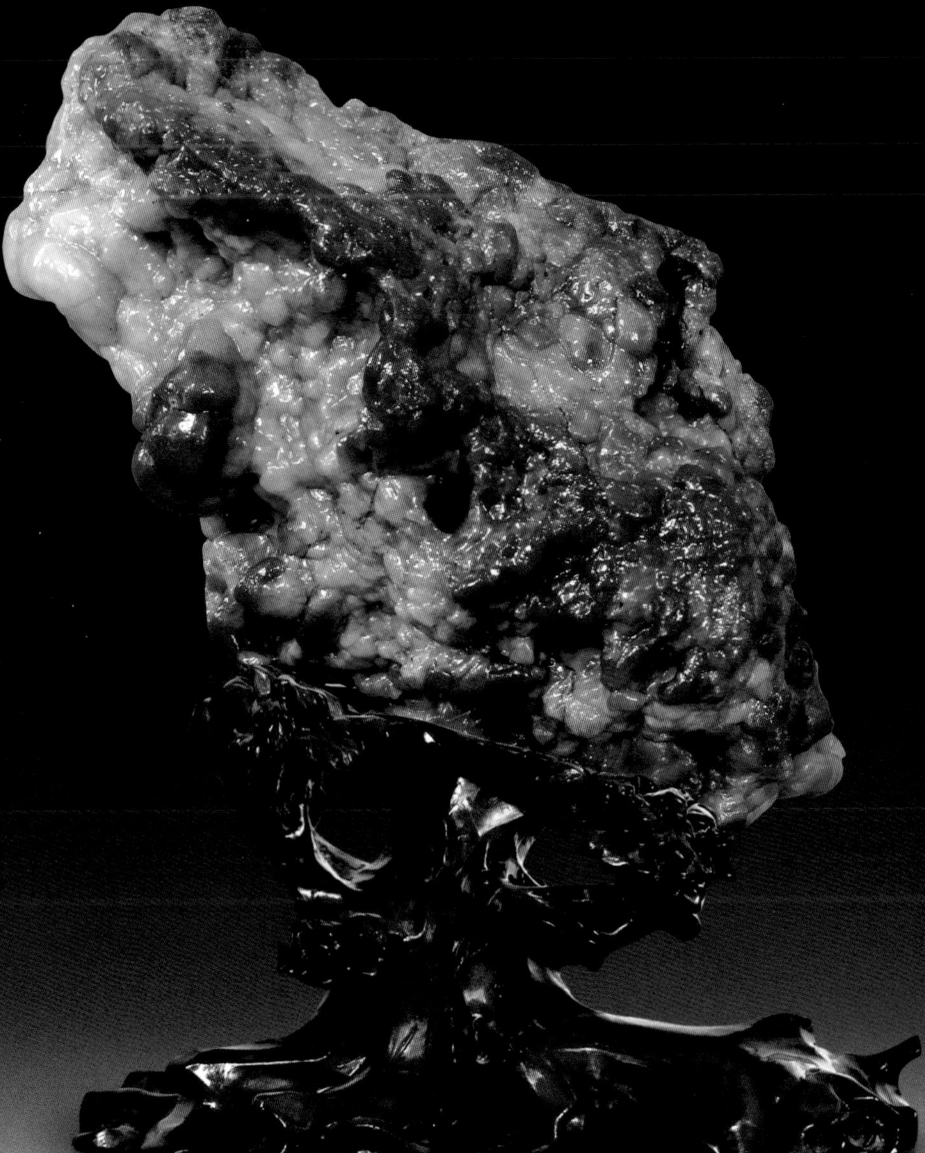

遨游

你欢乐地畅游在水中，没有烦恼，没有忧愁，只有水浸润肌肤的欢快。你是自由的精灵，遨游在自然的怀抱中。

石种：九龙壁
尺寸：89×31×56cm

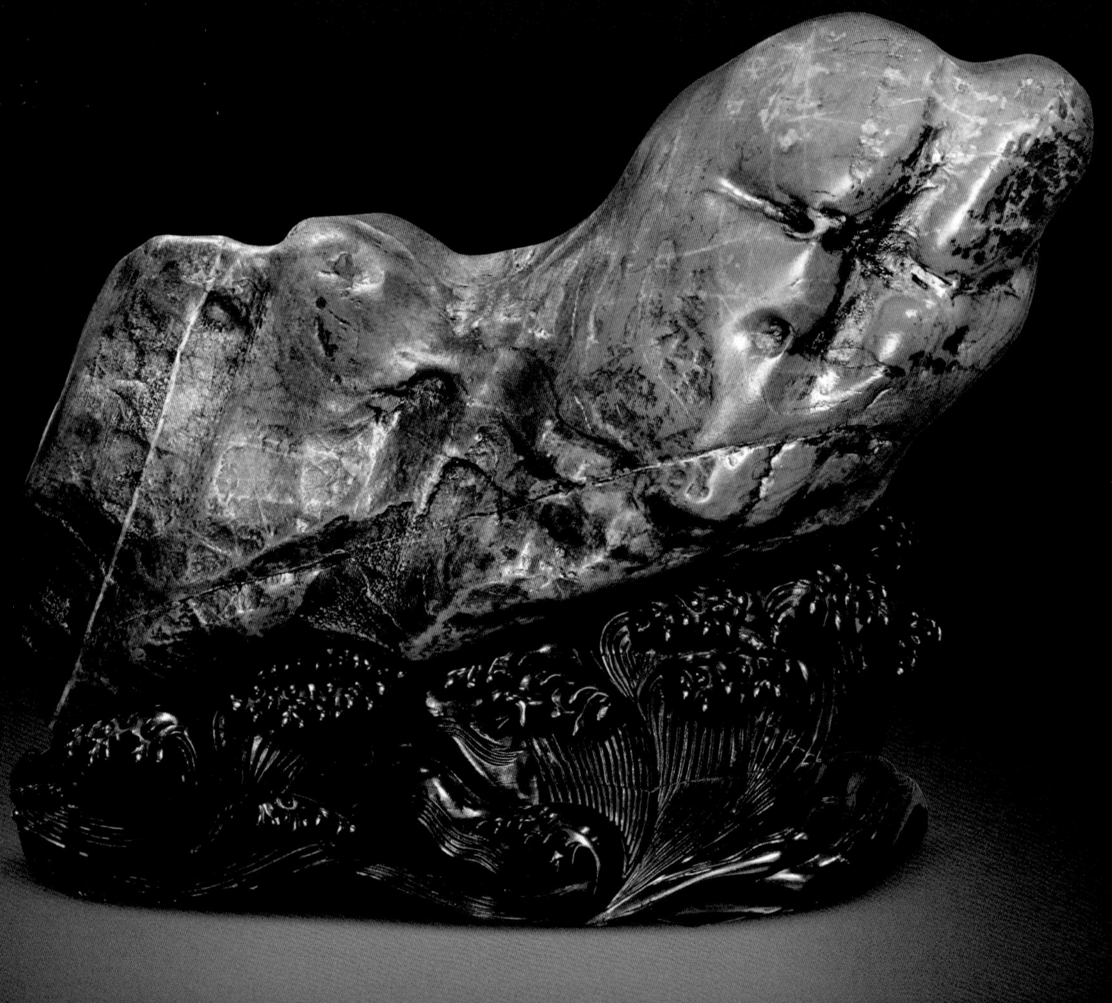

母子情深

石种：大滩玛瑙
尺寸：10×10×11cm

旺财

短小的腿，细顺的毛，嘴微张，耳后垂，一只可爱的小狗正向我们奔来。它时而蹭一下主人的裤腿，时而围着主人打圈圈，最萌化人的莫过于它那清脆的『汪汪』叫声。这叫声正给人们带来财运呢！

石种：玛瑙　尺寸：22×12×15cm

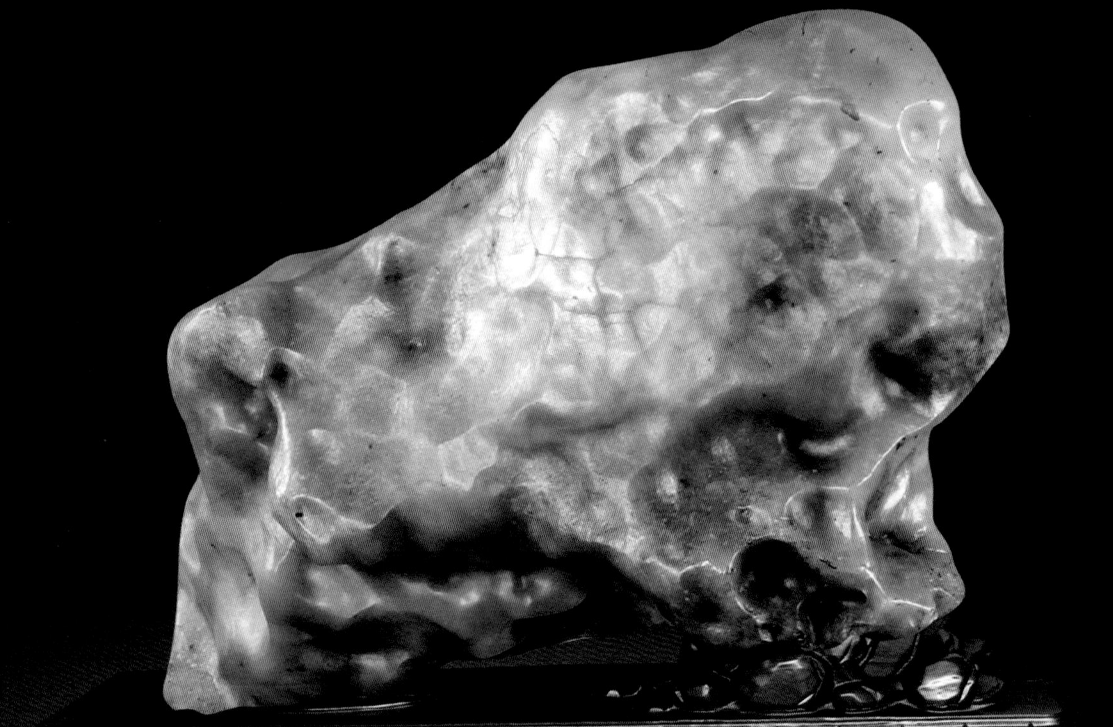

一马当先

犹如飞奔而来的骏马，
未闻其声，先见其首。
红花点装，鬃毛飘逸，
呲牙细嗝，目光如炬，
身后千万者，一马当先耳！

石种：蓝泡玛瑙
尺寸：27×28×16cm

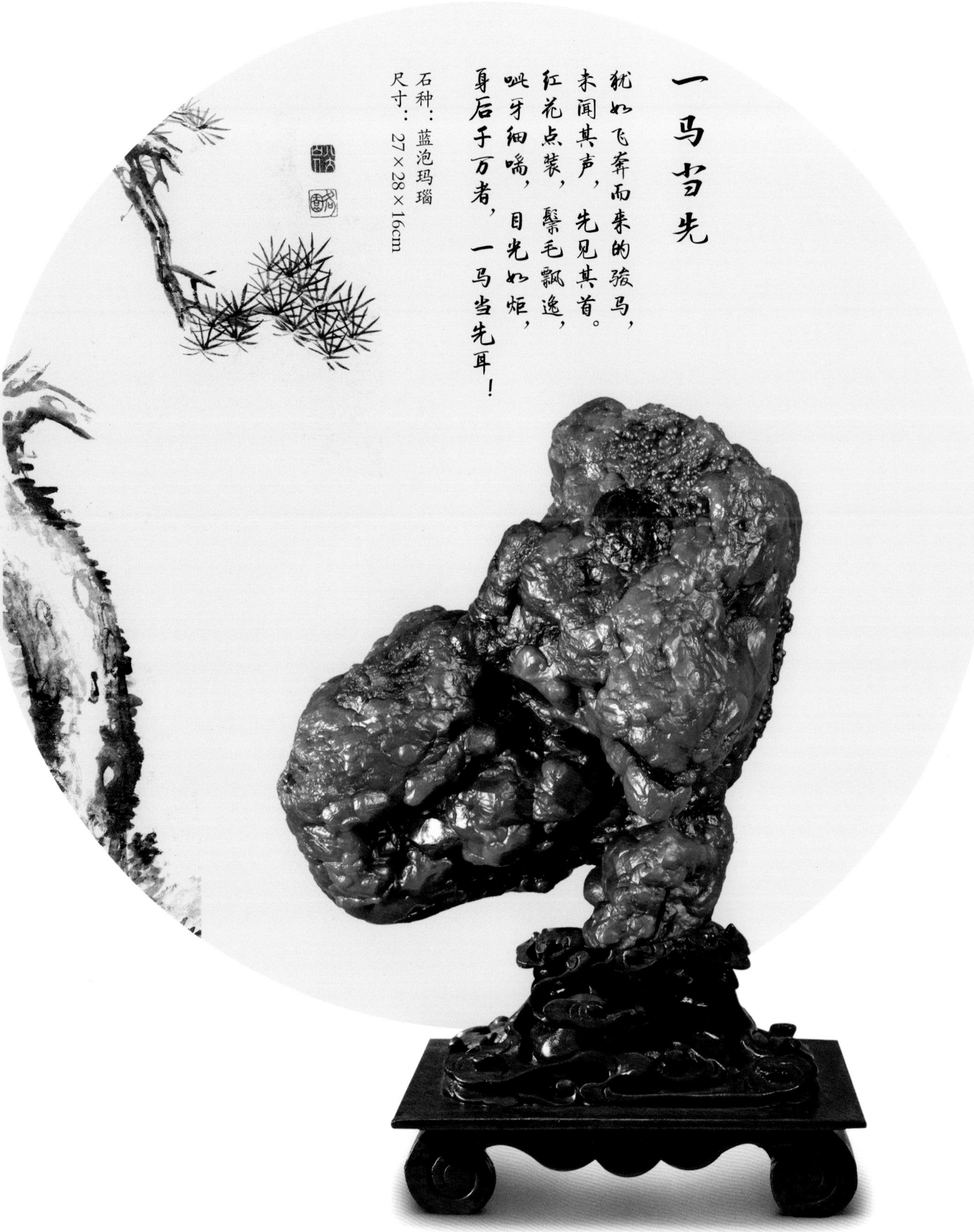

吉祥一家

这是该有多久一家人没有全部聚在一起了！爸爸妈妈抑制不住地要来一个热烈的拥抱，而小哥俩欢呼雀跃的劲儿把我们一下拉回了天真无邪的童年。如此温馨的画面，让人羡慕不已。

石种：玛瑙　尺寸：11×7×3cm

金蟾献瑞

还未走近，就被你温暖的颜色所吸引。这该是沉淀了多久啊，才有了如此福气的色泽。你只蹲在那里，祥瑞就已充满人间。

石种：藏瓷
尺寸：105×45×55cm

财运亨通

皮质细腻，色彩醇厚，上有精致的花纹。似一锭硕大的元宝，里面盛满了财富。财运亨通，此之谓也。

石种：老皮戈壁石
尺寸：55×26×18cm

雏鸟

你出落的那么水灵，全身温润如透明。刚学会飞，你就迫不及待地登上枝头。好像听到了呼唤，你扭头望向妈妈的方向，乌溜溜的眼睛里尽是对妈妈的依赖。

石种：大滩玛瑙　尺寸：23×22×11cm

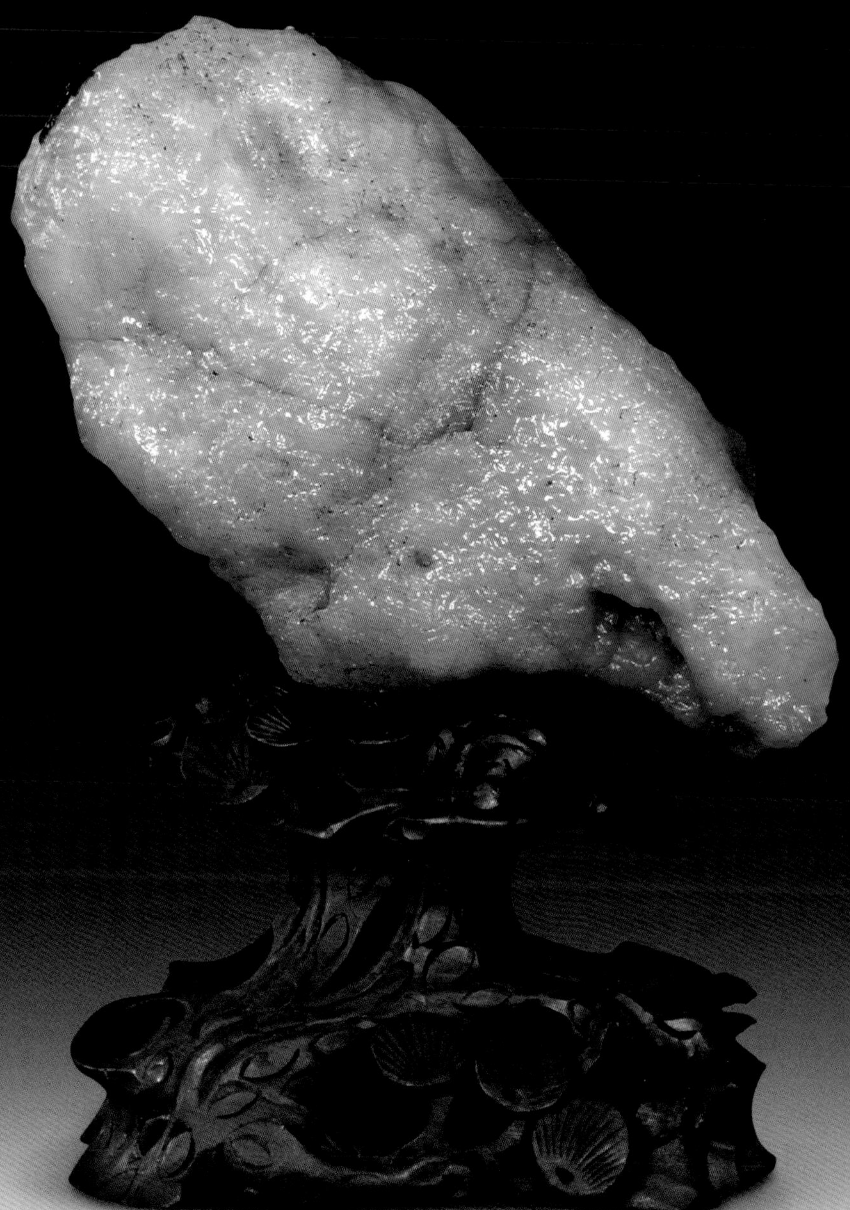

千佛山

大小不一，神态各异，栩栩如生。『诸恶莫作，众善奉行，自净其意，是诸佛教。』

石种：孔雀石
尺寸：29×17×14cm

贵妇

石种：玛瑙
尺寸：14×7×4cm

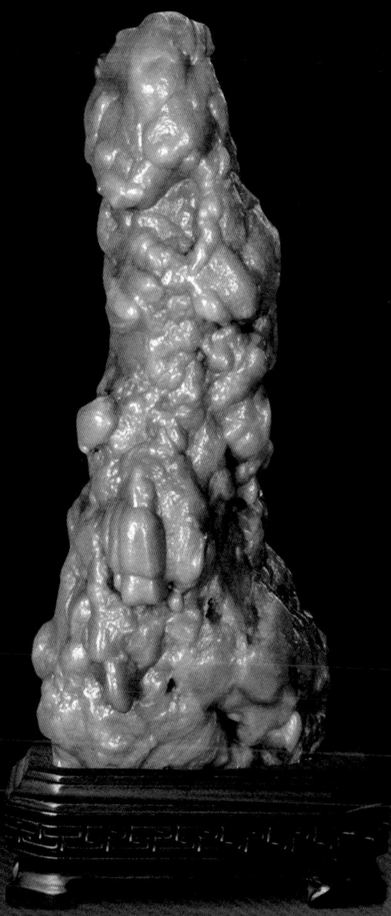

小狮子

石种：大滩玛瑙
尺寸：10×9×8cm

丰收

似装满粮食的粮囤，颗颗饱满，粒粒圆润，“春种一粒粟，秋收万颗子”。丰收的喜悦溢于言表。

石种：葡萄玛瑙

尺寸：16×14×23cm

鸳鸯

石种：大滩玛瑙
尺寸：12×7×8cm

玉屏

石种：大滩玛瑙
尺寸：12×8×4cm

金蟾

石种：戈壁石
尺寸：8×7×6cm

无陵山

上邪！
我欲与君相知，
长命无绝衰。
山无陵，
江水为竭，
冬雷震震，
夏雨雪，
天地合，
乃敢与君绝！

石种：玛瑙
尺寸：30×17×10cm

鱼

石种：沙漠漆

尺寸：12×7×6cm

天堂鸟

天堂有翼无翎羽，降入凡尘变蓼花。
五色斑斓流溢彩，千丝锦绣焕霓纱。
翩翩蝶舞迷香径，朵朵云飞逐晚霞。
遥望苍穹对月梦，何时振翅乐天涯。

石种：印尼葡萄玛瑙
尺寸：28×11×22cm

鱼跃龙门

你似乎是积蓄了所有的力气，要越过前面的坎坷。你白黄相间的鳞片，闪耀着太阳的光辉，此刻你已顾不得自我欣赏。风浪是你的助推器，终于露出了半边身子。你只待奋力一搏，便会腾跃成龙。

石种：大滩玛瑙
尺寸：18×18×13cm

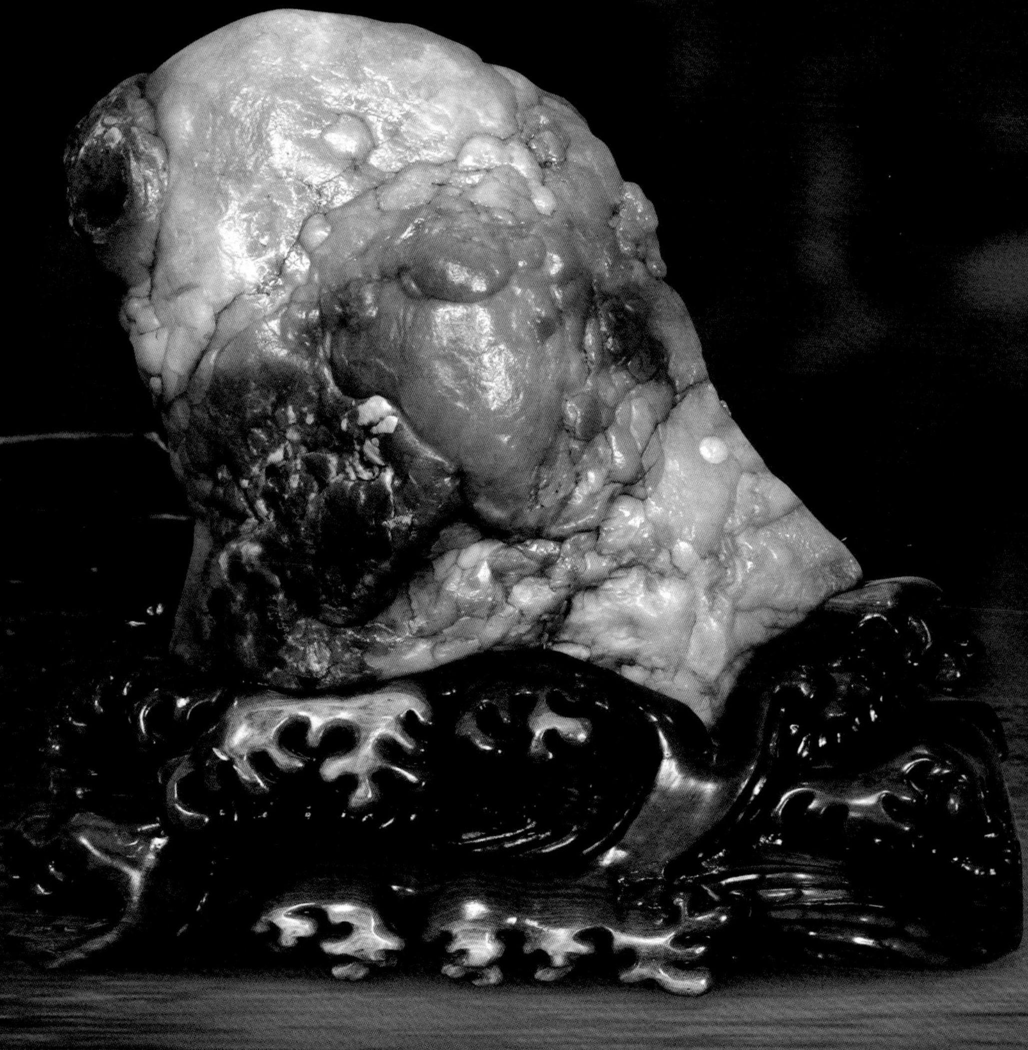

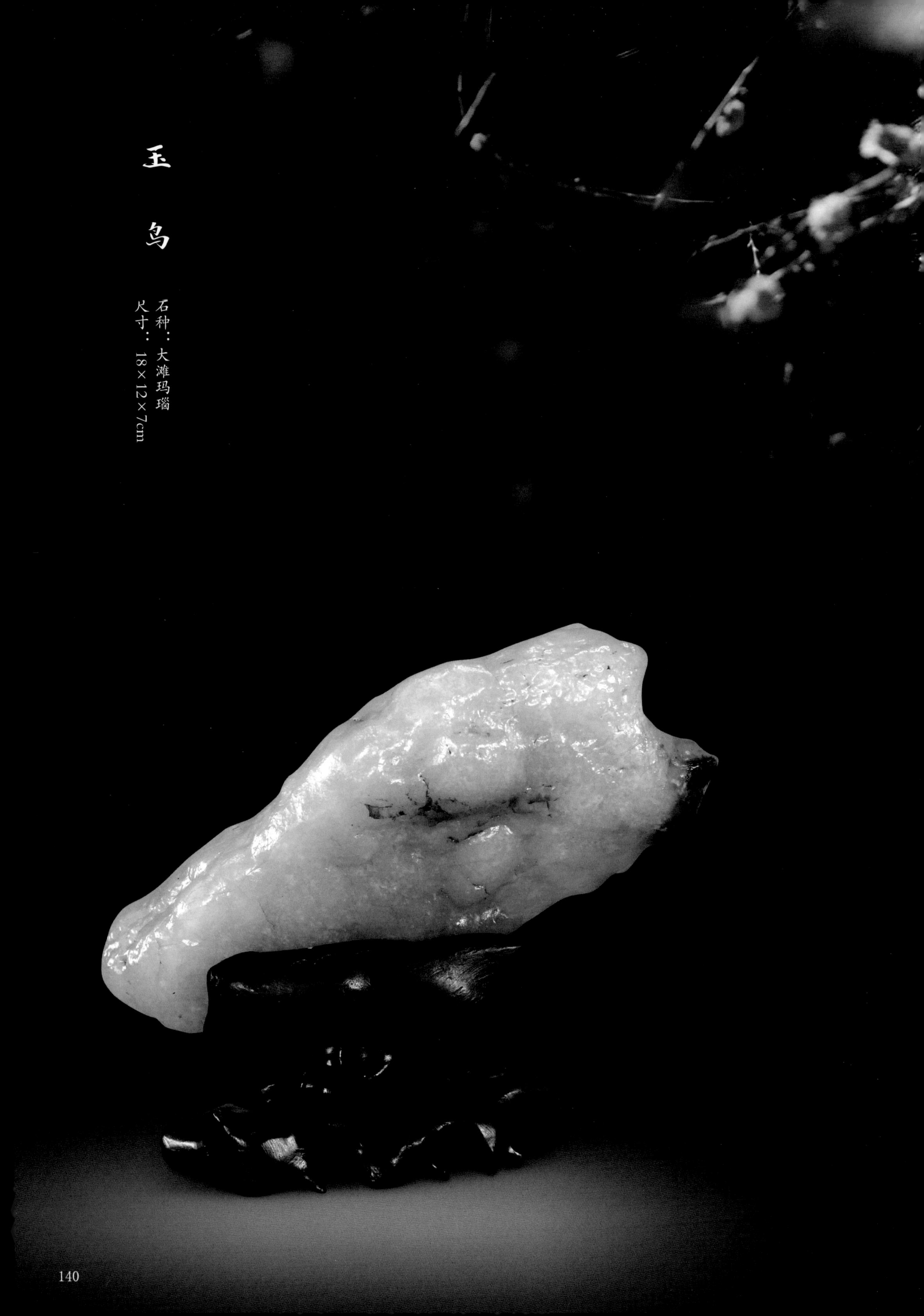

玉鸟

石种：大滩玛瑙
尺寸：18×12×7cm

侠骨柔情

你不会忘记自己王者的荣耀，身姿中尽显威严。你也深知子民如何地爱戴你，眼神中满是温柔。站定，远望，侠骨，柔情。

石种：葡萄玛瑙　尺寸：28×9×9cm

45×22cm

凤

深邃的天空中，飞来一对凤凰，衔着香木，唱着哀歌。它们是疲倦了，它们的死期要到了！它们飞向四面八方，而所有的地方都是囚牢、屠场。它们的『眼泪倾泻如瀑』、『淋漓如烛』。在受尽所有的嘲笑后，一声长鸣响彻了宇宙。潮涨了，宇宙更生了，它们也更生了。它们在欢唱，生动，自由，雄浑，悠久。

石种：蓝泡玛瑙
尺寸：161×127×78cm

雄雉于飞

雄雉于飞，泄泄其羽。
我之怀矣，自诒伊阻。
雄雉于飞，下上其音。
展矣君子，实劳我心。

石种：大滩玛瑙
尺寸：18×8×7cm

内秀

石种：大滩玛瑙
尺寸：10×8×8cm

呐喊

石种：肉色玛瑙
尺寸：9×9×9cm

硕果

石种：葡萄玛瑙
尺寸：19×15×11cm

鸟

石种：黄碧玉
尺寸：18×8×8cm

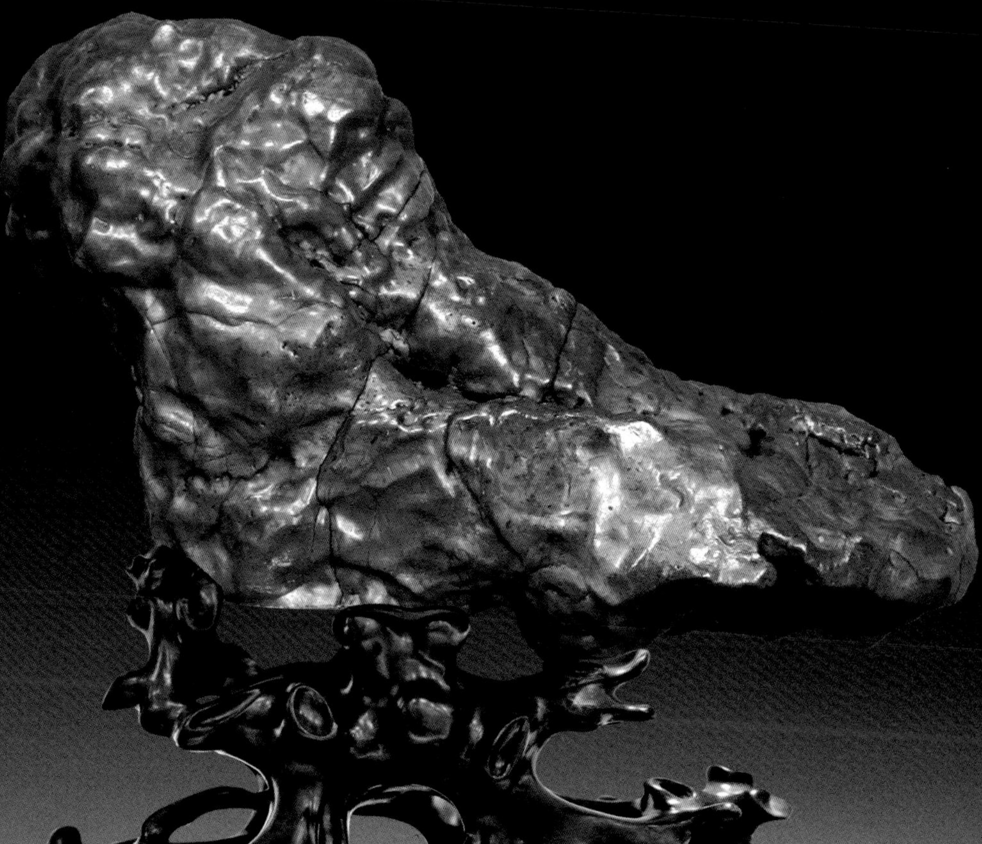

远峡苍山

远峡苍山，时值暮秋，风中带寒，不固川流。云雾未尽不得日，行舟只觉一线天。危楼有威名，飞瀑无现源。层林染而晕山色，众鸟飞而藏天光。『重岩叠嶂，隐天蔽日，自非亭午夜分，不见曦月』者，少灵动，多险隘，比之不若也。

石种：三峡石　尺寸：51×30×8cm

观音降魔

波涛汹涌，云遮天日，南海观音大士手持净瓶，立于海礁，遍洒甘露，祸害三界之魔跪地求饶。祸魔被降，世间太平矣。

石种：三峡石　尺寸：74×32×7cm

秋意浓

石种：沙漠漆
尺寸：8×10×8cm

平平安安

此和田玉宝瓶质地温润细腻，镂刻精湛。瓶者，『平安』也，配之悬于其上的平安锁、支架上的葫芦和婉转而生动的花鸟形象，平安、福禄之意溢于言表。

石种：和田玉　尺寸：34×4×10cm

塔

石种：和田玉
尺寸：28×16×9cm

玉鼎

石种：和田玉
尺寸：22×15×14cm

编后语

中国赏石文化源远流长，博大精深。唐宋以降，赏石文化的发展达到了一个新的高度，杜甫、白居易、李白、赵佶、苏轼、米芾等文人墨客咏之、赞之，为我们留下了不朽的精神文化遗产。而今，随着赏石艺术申报非物质文化遗产的成功，赏石文化的传承与弘扬也就具有了更加鲜明的时代意义。毫无疑问，对精品奇石加以系统的整理与全面展示，出版精品赏石图书，对赏石文化的传播与发展大有裨益。出版本书的目的正在于此。

编者计划按照不同的主体对象，分《赏石篇》《玉石篇》《收藏篇》三篇，系统而全面地为读者展现编者数十年的精品收藏。本书为第一篇《赏石篇》。本书所收以精品戈壁石为主，间或有翡翠、黄龙玉等代表石种。它们或惊艳色彩，或浓缩山川，或折射文化，或寓意人生，均具有多角度、多层次解读的可能，是对美的接受与表达。

数十年来，编者走南闯北，交流学习，尊重美学传统，潜心研究奇石，积极参与各种赏石活动，不断充实自己。在这个过程中，编者不断感悟与沉淀，深知赏石是一项伟大的事业。经营一份事业，不仅仅是为了赚钱，更是为了让生命更有意义。有的人在盲目追求物质财富，而有的人却在追求自我成长。走过一段路后，你会慢慢发现，当你内心强大、成长足够时，赚钱便只是顺带的事。所以年轻的时候，不必慌慌张张，欲速则不达。成功的路，不怕万人阻挡，只怕自己投降；成长的帆，不怕狂风巨浪，只怕自己没胆量。有路，就大胆去走；有梦，就大胆飞翔。大胆，就是我们的信仰。不敢做，不去闯，梦想，永远是梦里空想。逆风的方向，更适合飞翔。我们的人生要选定方向，像风筝一样在逆风中高翔！

对本书的出版，编者虽已尽心尽力，然己学多有不足，仍难免有所疏漏。阅读就是一种缘分。希望广大读者在阅读本书之时，能提出宝贵的意见或建议，并真诚地希望本书的出版，能给赏石爱好者提供一丝“美意”，能对中国传统赏石文化的传承与发展贡献力量于万一。